차례

왜, 더 실전일까요?

AI 데이터로 구성한 교재입니다.

『더 실전』은 누적 체험자 수 130만 명의 선택을 받은
아이스크림 홈런의 **학습 데이터를 기반**으로 만들었습니다.
AI가 추천한 문제들을 난이도별로 배열한 단원 평가를 총 4회 구성하여
실전 시험에 충분히 대비할 수 있도록 하였습니다.

또한 AI를 활용하여 정답률 낮은 문제를 선별하였으며 **'틀린 유형 다시 보기'**를 통해
정답률 낮은 문제를 이해하는 기초를 제공하고 반복하여 복습할 수 있도록 하여
빈틈없이 **실전**을 **준비**할 수 있도록 하였습니다.

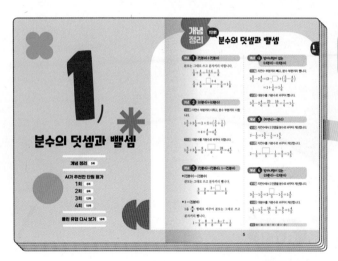

개념을 먼저
정리해요.

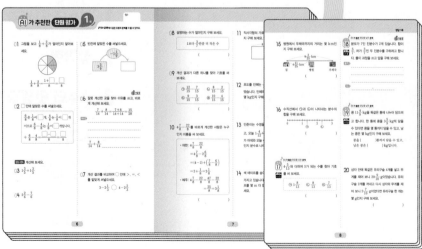

단원 평가 1회~4회로
실전 감각을 길러요.

더 실전은 아래와 같은 상황에
더 필요하고 유용한 교재입니다.

☑ 내 실력을 알고 싶을 때

☑ 단원 평가에 대비할 때

☑ 학기를 마무리하는 시험에 대비할 때

☑ 시험에서 자주 틀리는 문제를 대비하고 싶을 때

『더 실전』이 적합합니다.

틀린 유형 다시 보기로
집중 학습을 해요.

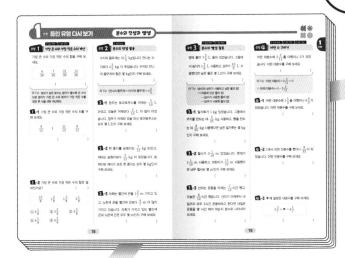

정답 및 풀이로
확인하고 점검해요.

1

분수의 덧셈과 뺄셈

분수의 덧셈과 뺄셈

개념 ① (진분수)+(진분수)

분모는 그대로 쓰고 분자끼리 더합니다.

$$\frac{1}{8}+\frac{4}{8}=\frac{1+4}{8}=\frac{5}{8}$$

$$\frac{5}{8}+\frac{4}{8}=\frac{\boxed{}+4}{8}=\frac{9}{8}=1\frac{1}{8}$$

개념 ② (대분수)+(대분수)

방법① 자연수 부분끼리 더하고, 분수 부분끼리 더합니다.

$$1\frac{3}{6}+3\frac{1}{6}=(1+3)+\left(\frac{3}{6}+\frac{1}{6}\right)$$
$$=4+\frac{4}{6}=4\frac{4}{6}$$

방법② 대분수를 가분수로 바꾸어 더합니다.

$$1\frac{3}{6}+3\frac{1}{6}=\frac{9}{6}+\frac{\boxed{}}{6}=\frac{28}{6}=4\frac{4}{6}$$

개념 ③ (진분수)−(진분수), 1−(진분수)

◆(진분수)−(진분수)

분모는 그대로 쓰고 분자끼리 뺍니다.

$$\frac{3}{8}-\frac{2}{8}=\frac{3-\boxed{}}{8}=\frac{1}{8}$$

◆1−(진분수)

1을 $\frac{\bigstar}{\bigstar}$ 형태로 바꾸어 분모는 그대로 쓰고 분자끼리 뺍니다.

$$1-\frac{7}{8}=\frac{8}{8}-\frac{7}{8}=\frac{8-7}{8}=\frac{1}{8}$$

개념 ④ 받아내림이 없는 (대분수)−(대분수)

방법① 자연수 부분끼리 빼고, 분수 부분끼리 뺍니다.

$$3\frac{5}{6}-2\frac{4}{6}=(3-\boxed{})+\left(\frac{5}{6}-\frac{4}{6}\right)$$
$$=1+\frac{1}{6}=1\frac{1}{6}$$

방법② 대분수를 가분수로 바꾸어 뺍니다.

$$3\frac{5}{6}-2\frac{4}{6}=\frac{23}{6}-\frac{16}{6}=\frac{7}{6}=1\frac{1}{6}$$

개념 ⑤ (자연수)−(분수)

방법① 자연수에서 1만큼을 분수로 바꾸어 계산합니다.

$$2-\frac{1}{5}=1\frac{5}{5}-\frac{1}{5}=1\frac{4}{5}$$

방법② 자연수를 가분수로 바꾸어 계산합니다.

$$2-\frac{1}{5}=\frac{\boxed{}}{5}-\frac{1}{5}=\frac{9}{5}=1\frac{4}{5}$$

개념 ⑥ 받아내림이 있는 (대분수)−(대분수)

방법① 자연수에서 1만큼을 분수로 바꾸어 계산합니다.

$$3\frac{1}{5}-1\frac{2}{5}=2\frac{\boxed{}}{5}-1\frac{2}{5}=1\frac{4}{5}$$

방법② 대분수를 가분수로 바꾸어 계산합니다.

$$3\frac{1}{5}-1\frac{2}{5}=\frac{16}{5}-\frac{7}{5}=\frac{9}{5}=1\frac{4}{5}$$

정답 ❶5 ❷19 ❸2 ❹2 ❺10 ❻6

점수

🔗 18~23쪽에서 같은 유형의 문제를 더 풀 수 있어요.

01 그림을 보고 $\frac{1}{8}+\frac{2}{8}$가 얼마인지 알아보세요.

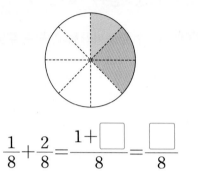

$$\frac{1}{8}+\frac{2}{8}=\frac{1+\boxed{}}{8}=\frac{\boxed{}}{8}$$

02 ☐ 안에 알맞은 수를 써넣으세요.

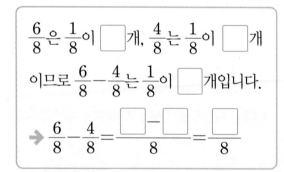

$\frac{6}{8}$은 $\frac{1}{8}$이 ☐개, $\frac{4}{8}$는 $\frac{1}{8}$이 ☐개이므로 $\frac{6}{8}-\frac{4}{8}$는 $\frac{1}{8}$이 ☐개입니다.

→ $\frac{6}{8}-\frac{4}{8}=\frac{\boxed{}-\boxed{}}{8}=\frac{\boxed{}}{8}$

03~04 계산해 보세요.

03 $1\frac{3}{5}+1\frac{3}{5}$

04 $2\frac{2}{6}-\frac{7}{6}$

05 빈칸에 알맞은 수를 써넣으세요.

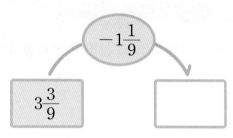

$3\frac{3}{9}$

✏️서술형

06 잘못 계산한 곳을 찾아 이유를 쓰고, 바르게 계산해 보세요.

$$\frac{7}{14}+\frac{8}{14}=\frac{7+8}{14+14}=\frac{15}{28}$$

이유 ▶ _____

_____

_____

$\frac{7}{14}+\frac{8}{14}$ _____

07 계산 결과를 비교하여 ◯ 안에 >, =, <를 알맞게 써넣으세요.

$$3-2\frac{1}{3} \ \bigcirc \ 4-2\frac{2}{3}$$

08 설명하는 수가 얼마인지 구해 보세요.

> 1보다 $\frac{3}{7}$만큼 더 작은 수

( )

09 계산 결과가 다른 하나를 찾아 기호를 써 보세요.

> ㉠ $\frac{12}{15} - \frac{7}{15}$ ㉡ $\frac{8}{15} - \frac{2}{15}$
>
> ㉢ $\frac{9}{15} - \frac{3}{15}$ ㉣ $\frac{10}{15} - \frac{4}{15}$

( )

10 $4\frac{7}{8} - \frac{22}{8}$를 바르게 계산한 사람은 누구인지 이름을 써 보세요.

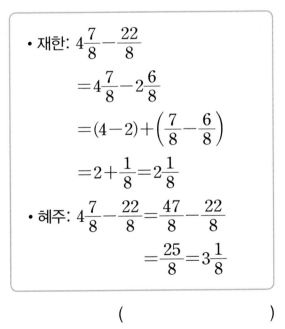

> • 재한: $4\frac{7}{8} - \frac{22}{8}$
>
> $= 4\frac{7}{8} - 2\frac{6}{8}$
>
> $= (4-2) + \left(\frac{7}{8} - \frac{6}{8}\right)$
>
> $= 2 + \frac{1}{8} = 2\frac{1}{8}$
>
> • 혜주: $4\frac{7}{8} - \frac{22}{8} = \frac{47}{8} - \frac{22}{8}$
>
> $= \frac{25}{8} = 3\frac{1}{8}$

( )

11 직사각형의 가로는 세로보다 몇 cm 더 긴지 구해 보세요.

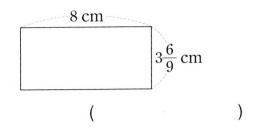

( )

12 포도를 민혜는 $\frac{18}{20}$ kg, 영현이는 $\frac{15}{20}$ kg 땄습니다. 민혜와 영현이가 딴 포도는 모두 몇 kg인지 구해 보세요.

( )

13 민준이는 수영을 어제 $1\frac{1}{12}$시간 동안 했고, 오늘 $1\frac{4}{12}$시간 동안 했습니다. 민준이가 어제와 오늘 수영한 시간은 모두 몇 시간인지 분수로 나타내어 보세요.

( )

14 색 테이프를 송이는 $3\frac{1}{5}$ m, 재하는 $\frac{4}{5}$ m 가지고 있습니다. 송이는 재하보다 색 테이프를 몇 m 더 많이 가지고 있는지 구해 보세요.

( )

15 병원에서 우체국까지의 거리는 몇 km인지 구해 보세요.

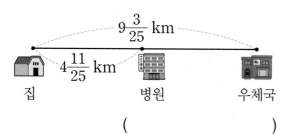

(   )

16 수직선에서 ㉠과 ㉡이 나타내는 분수의 합을 구해 보세요.

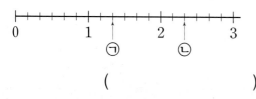

(   )

17 $4\frac{5}{13}$와 더하여 5가 되는 수를 찾아 기호를 써 보세요.
📎 20쪽 유형5

| ㉠ $1\frac{8}{13}$ | ㉡ $\frac{8}{13}$ | ㉢ $\frac{7}{13}$ |

(   )

18 분모가 7인 진분수가 2개 있습니다. 합이 $\frac{5}{7}$, 차가 $\frac{3}{7}$인 두 진분수를 구하려고 합니다. 풀이 과정을 쓰고 답을 구해 보세요.
📎 21쪽 유형8
✏️서술형

풀이 ▶ _____

_____

_____

답 ▶

_____ , _____

19 콩 $11\frac{4}{9}$ kg을 똑같은 통에 나누어 담으려고 합니다. 한 통에 콩을 $3\frac{5}{9}$ kg씩 담을 수 있다면 콩을 몇 통까지 담을 수 있고, 남는 콩은 몇 kg인지 구해 보세요.
📎 22쪽 유형10

콩을 (   )통까지 담을 수 있고,
남은 콩은 (   ) kg입니다.

20 상자 안에 똑같은 유리구슬 4개를 넣고 무게를 재어 보니 $20\frac{9}{10}$ g이었습니다. 유리구슬 2개를 꺼내고 다시 상자의 무게를 재어 보니 $2\frac{7}{10}$ g이었다면 유리구슬 한 개는 몇 g인지 구해 보세요.

(   )

점수

🔗 18~23쪽에서 같은 유형의 문제를 더 풀 수 있어요.

1 단원

01 ☐ 안에 알맞은 수를 써넣으세요.

$$\frac{7}{8}-\frac{2}{8}=\frac{\boxed{}-\boxed{}}{8}=\frac{\boxed{}}{8}$$

02 수직선을 보고 $3-\frac{6}{10}$이 얼마인지 알아보세요.

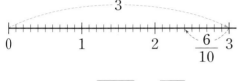

$$3-\frac{6}{10}=\frac{\boxed{}}{10}-\frac{\boxed{}}{10}$$
$$=\frac{\boxed{}}{10}=\boxed{}\frac{\boxed{}}{10}$$

03~04 $1\frac{4}{5}+1\frac{3}{5}$을 두 가지 방법으로 계산하려고 합니다. ☐ 안에 알맞은 수를 써넣으세요.

03 $1\frac{4}{5}+1\frac{3}{5}$

$$=(1+\boxed{})+\left(\frac{4}{5}+\frac{\boxed{}}{5}\right)$$
$$=\boxed{}+\frac{\boxed{}}{5}=\boxed{}+\boxed{}\frac{\boxed{}}{5}$$
$$=\boxed{}\frac{\boxed{}}{5}$$

04 $1\frac{4}{5}+1\frac{3}{5}$

$$=\frac{\boxed{}}{5}+\frac{\boxed{}}{5}=\frac{\boxed{}}{5}=\boxed{}\frac{\boxed{}}{5}$$

05~06 계산해 보세요.

05 $1-\frac{3}{8}$

06 $3\frac{5}{6}-1\frac{3}{6}$

07 빈칸에 두 수의 차를 써넣으세요.

$7\frac{1}{5}$	$2\frac{4}{5}$

08 두 수의 합을 구해 보세요.

$\frac{11}{12}$	$\frac{4}{12}$

(   )

09 계산 결과를 비교하여 ◯ 안에 >, =, < 를 알맞게 써넣으세요.

$$5\frac{6}{12} - 4\frac{4}{12} \bigcirc 5\frac{8}{12} - \frac{55}{12}$$

10 $\frac{11}{13}$보다 $\frac{6}{13}$만큼 더 큰 수는 얼마인가요?

( )

① $1\frac{1}{13}$ ② $1\frac{2}{13}$ ③ $1\frac{3}{13}$

④ $1\frac{4}{13}$ ⑤ $1\frac{5}{13}$

11 계산 결과가 5보다 작은 뺄셈식의 기호를 써 보세요.

| ㉠ $11 - 5\frac{2}{5}$ ㉡ $9 - 4\frac{4}{5}$ |

( )

12 관계있는 것끼리 이어 보세요.

$\frac{3}{8} + \frac{4}{8}$	$\frac{6}{8}$
$\frac{5}{8} + \frac{1}{8}$	1
$\frac{2}{8} + \frac{6}{8}$	$\frac{7}{8}$

13 리본을 오성이는 $2\frac{4}{7}$ m, 재윤이는 $3\frac{2}{7}$ m 가지고 있습니다. 오성이와 재윤이가 가지고 있는 리본은 모두 몇 m인지 구해 보세요.

( )

🖉서술형

14 설명하는 수와 $2\frac{1}{44}$의 차는 얼마인지 풀이 과정을 쓰고 답을 구해 보세요.

| $\frac{1}{44}$이 50개인 수 |

풀이 ▶ _____

_____

_____

답 ▶ _____

AI가 뽑은 정답률 낮은 문제 ✏️서술형

15 가장 큰 수와 가장 작은 수의 합은 얼마인지 풀이 과정을 쓰고 답을 구해 보세요.

⊘ 18쪽
유형 1

$$2\frac{4}{10} \qquad 3\frac{1}{10} \qquad 2\frac{5}{10} \qquad 3$$

풀이 ▶
_____
_____
_____

답 ▶ _____

AI가 뽑은 정답률 낮은 문제

16 어떤 대분수에 $3\frac{6}{11}$ 을 더했더니 $6\frac{7}{11}$ 이

⊘ 19쪽
유형 4
되었습니다. 어떤 대분수를 구해 보세요.

( )

17 도영이네 집에서 이모 댁까지 버스로 가면 $\frac{23}{12}$ 시간이 걸리고, 지하철로 가면 $2\frac{1}{12}$ 시간이 걸립니다. 버스와 지하철 중에서 어느 것으로 가는 것이 몇 시간 더 빠른지 차례대로 써 보세요.

(,)

AI가 뽑은 정답률 낮은 문제

18 병에 물이 $3\frac{4}{8}$ L 들어 있었습니다. 그중에

⊘ 19쪽
유형 3
서 연진이가 $1\frac{5}{8}$ L 사용하고, 주현이가 $1\frac{1}{8}$ L 사용했다면 남은 물은 몇 L인지 구해 보세요.

( )

1
단원

19 삼각형 ㄱㄴㄷ의 세 변의 길이의 합은 1 m 입니다. 변 ㄱㄷ의 길이는 몇 m인지 구해 보세요.

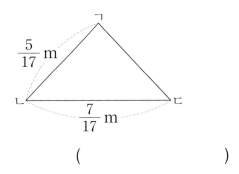

( )

AI가 뽑은 정답률 낮은 문제

20 다연이는 영어책을 어제는 전체의 $\frac{3}{9}$ 을 읽

⊘ 23쪽
유형 12
었고, 오늘은 전체의 $\frac{5}{9}$ 를 읽었습니다. 남은 영어책의 쪽수가 15쪽이라면 다연이가 읽은 영어책의 전체 쪽수는 몇 쪽인지 구해 보세요.

( )

01 그림을 보고 $\frac{6}{7} - \frac{2}{7}$가 얼마인지 알아보세요.

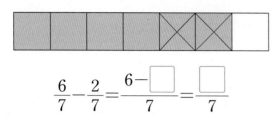

$$\frac{6}{7} - \frac{2}{7} = \frac{6 - \square}{7} = \frac{\square}{7}$$

02 수직선을 보고 $1\frac{1}{5} + 1\frac{2}{5}$가 얼마인지 알아보세요.

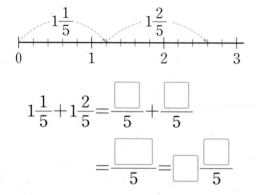

$$1\frac{1}{5} + 1\frac{2}{5} = \frac{\square}{5} + \frac{\square}{5}$$
$$= \frac{\square}{5} = \square\frac{\square}{5}$$

03~04 계산해 보세요.

03 $4 - \frac{9}{11}$

04 $3\frac{5}{6} - 2\frac{4}{6}$

05 계산을 바르게 한 것의 기호를 써 보세요.

㉠ $\frac{5}{7} - \frac{4}{7} = \frac{5-4}{7} = \frac{1}{7}$

㉡ $\frac{27}{80} - \frac{23}{80} = \frac{27-23}{80-80} = 4$

(   )

06 빈칸에 알맞은 수를 써넣으세요.

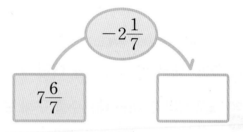

07 보기와 같은 방법으로 계산해 보세요.

보기

$$1\frac{7}{11} + 2\frac{1}{11}$$
$$= (1+2) + \left(\frac{7}{11} + \frac{1}{11}\right)$$
$$= 3 + \frac{8}{11} = 3\frac{8}{11}$$

$1\frac{2}{6} + 2\frac{3}{6}$ _____

_____

08 계산 결과가 더 큰 것의 기호를 써 보세요.

$$\bigcirc\ 2\frac{3}{4}+2\frac{3}{4} \qquad \bigcirc\!\bigcirc\ 3\frac{2}{4}+2\frac{1}{4}$$

( )

09 빈칸에 알맞은 수를 써넣으세요.

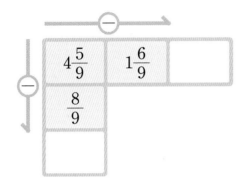

10 계산 결과가 다른 하나는 어느 것인가요?

( )

① $\dfrac{9}{24}-\dfrac{5}{24}$ ② $\dfrac{6}{24}-\dfrac{3}{24}$

③ $\dfrac{10}{24}-\dfrac{7}{24}$ ④ $\dfrac{8}{24}-\dfrac{5}{24}$

⑤ $1-\dfrac{21}{24}$

11 계산 결과가 2와 3 사이인 뺄셈식을 모두 찾아 ○표 해 보세요.

$3\dfrac{1}{4}-1\dfrac{2}{4}$ $4\dfrac{3}{6}-1\dfrac{5}{6}$

( )   ( )

$5\dfrac{4}{5}-2\dfrac{3}{5}$ $\dfrac{26}{8}-1\dfrac{1}{8}$

( )   ( )

12 딸기를 예지는 $\dfrac{9}{11}$ kg, 도겸이는 $\dfrac{10}{11}$ kg 땄습니다. 예지와 도겸이가 딴 딸기는 모두 몇 kg인지 구해 보세요.

( )

AI가 뽑은 정답률 낮은 문제

13 ㉠에 알맞은 대분수를 구해 보세요.

⦿19쪽 유형4

$$\bigcirc-\dfrac{12}{18}=\dfrac{10}{18}$$

( )

서술형

14 직사각형의 세로는 가로보다 $2\dfrac{5}{9}$ m 더 짧습니다. 세로는 몇 m인지 풀이 과정을 쓰고 답을 구해 보세요.

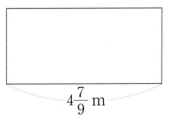

$4\dfrac{7}{9}$ m

풀이 ▶

_____

_____

_____

답 ▶

_____

15 분모가 11인 진분수 중에서 가장 큰 진분수와 가장 작은 진분수의 차는 얼마인지 구해 보세요.

(   )

16 19쪽 유형 3 우유 2 L 중에서 지민이가 어제는 $\frac{2}{5}$ L 마시고, 오늘은 $\frac{1}{5}$ L 마셨습니다. 남은 우유는 몇 L인지 구해 보세요.

(   )

17 22쪽 유형 9 ☐ 안에 들어갈 수 있는 자연수 중에서 가장 큰 수를 구해 보세요.

$$\frac{7}{25} + \frac{\square}{25} < \frac{23}{25}$$

(   )

18 20쪽 유형 6 🖊서술형

어떤 대분수에서 $2\frac{10}{13}$을 빼야 할 것을 잘못하여 어떤 대분수에 $2\frac{10}{13}$을 더했더니 $9\frac{12}{13}$가 되었습니다. 바르게 계산하면 얼마인지 풀이 과정을 쓰고 답을 구해 보세요.

풀이 ▶ _____

_____

_____

답 ▶ _____

19 그림과 같이 길이가 $5\frac{1}{7}$ cm인 색 테이프 3장을 $1\frac{5}{7}$ cm씩 겹치게 이어 붙였습니다. 이어 붙여 만든 색 테이프의 전체 길이는 몇 cm인지 구해 보세요.

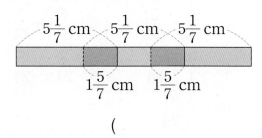

(   )

20 23쪽 유형 11 수 카드 4장 중 3장을 골라 분모가 9인 대분수를 만들려고 합니다. 만들 수 있는 가장 큰 대분수와 가장 작은 대분수의 차를 구해 보세요.

(   )

01 그림에 $\frac{3}{6}+\frac{1}{6}$을 나타내고 얼마인지 알아 보세요.

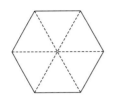

$$\frac{3}{6}+\frac{1}{6}=\frac{3+\boxed{}}{6}=\frac{\boxed{}}{6}$$

02 ☐ 안에 알맞은 수를 써넣으세요.

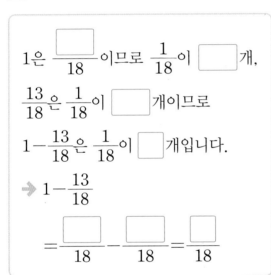

1은 $\frac{\boxed{}}{18}$이므로 $\frac{1}{18}$이 $\boxed{}$개,

$\frac{13}{18}$은 $\frac{1}{18}$이 $\boxed{}$개이므로

$1-\frac{13}{18}$은 $\frac{1}{18}$이 $\boxed{}$개입니다.

➡ $1-\frac{13}{18}$

$= \frac{\boxed{}}{18}-\frac{\boxed{}}{18}=\frac{\boxed{}}{18}$

03~04 계산해 보세요.

03 $3\frac{1}{4}-1\frac{3}{4}$

04 $8-3\frac{5}{9}$

05 수직선을 보고 ☐ 안에 알맞은 수를 구해 보세요.

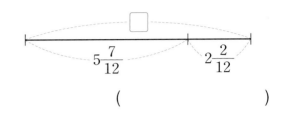

$5\frac{7}{12}$ $2\frac{2}{12}$

(   )

06 빈칸에 알맞은 수를 써넣으세요.

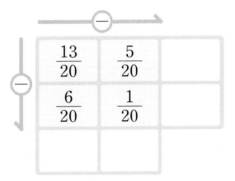

$\frac{13}{20}$	$\frac{5}{20}$	
$\frac{6}{20}$	$\frac{1}{20}$	

✏️서술형

07 ㉠과 ㉡의 차는 얼마인지 풀이 과정을 쓰고 답을 구해 보세요.

㉠ $\frac{1}{19}$이 9개인 수   ㉡ 1

풀이 ▶

답 ▶

08 계산 결과를 비교하여 ○ 안에 >, =, < 를 알맞게 써넣으세요.

$$7\frac{12}{13} - 5\frac{9}{13} \quad \bigcirc \quad 8\frac{5}{13} - 7\frac{3}{13}$$

09 정현이는 주스 1 L 중에서 $\frac{11}{20}$ L를 마셨습니다. 마시고 남은 주스는 몇 L인지 구해 보세요.

(   )

10 수우는 리본 $3\frac{2}{5}$ m 중에서 선물을 포장하는 데 $\frac{4}{5}$ m를 사용했습니다. 남은 리본은 몇 m인지 구해 보세요.

(   )

11 자연수 부분이 5이고 분모가 19인 가장 큰 대분수와 13의 차를 구해 보세요.

(   )

AI가 뽑은 정답률 낮은 문제
12 가장 큰 수와 가장 작은 수의 합을 구해 보세요.

📎 18쪽 유형 1

$$4\frac{3}{9} \qquad 3\frac{2}{9} \qquad 5\frac{1}{9} \qquad 4\frac{8}{9}$$

(   )

AI가 뽑은 정답률 낮은 문제
13 어떤 대분수에 $2\frac{7}{11}$ 을 더했더니 $6\frac{2}{11}$ 가 되었습니다. 어떤 대분수를 구해 보세요.

📎 19쪽 유형 4

(   )

14 블록을 미진이는 $28\frac{10}{13}$ cm만큼, 수호는 $26\frac{9}{13}$ cm만큼 쌓았습니다. 누가 몇 cm 더 높이 쌓았는지 차례대로 써 보세요.

(,   )

15 분모가 17인 분수 중에서 $\dfrac{5}{17}$보다 크고 $\dfrac{8}{17}$보다 작은 수를 모두 더하면 얼마인지 구해 보세요.

(   )

 AI가 뽑은 정답률 낮은 문제 ✏️서술형

16 우유를 영현이는 $\dfrac{3}{4}$ L 마셨고, 지훈이는 영현이보다 1 L 더 많이 마셨습니다. 영현이와 지훈이가 마신 우유는 모두 몇 L인지 풀이 과정을 쓰고 답을 구해 보세요.

📎18쪽 유형2

풀이 ▶ _____

_____

_____

답 ▶ _____

17 은행에서 우체국까지의 거리는 몇 km인지 구해 보세요.

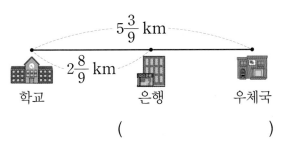

(   )

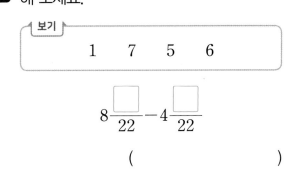 AI가 뽑은 정답률 낮은 문제

18 보기에서 두 수를 골라 ☐ 안에 써넣어 계산 결과가 가장 작은 뺄셈식을 만들고 계산해 보세요.

📎21쪽 유형7

보기

1   7   5   6

$$8\dfrac{\boxed{}}{22}-4\dfrac{\boxed{}}{22}$$

(   )

19 가★나＝가＋$4\dfrac{2}{11}$＋나일 때, 다음을 계산해 보세요.

$$1\dfrac{5}{11}★3\dfrac{4}{11}$$

(   )

20 우리나라의 어느 날 낮의 길이는 $11\dfrac{10}{60}$시간이었습니다. 이날 밤의 길이는 낮의 길이보다 몇 시간 몇 분 더 긴지 구해 보세요.

(   )

1 단원

🔗 2회 15번 🔗 4회 12번

유형 1 가장 큰 수와 가장 작은 수의 계산

가장 큰 수와 가장 작은 수의 합을 구해 보세요.

$\dfrac{4}{26}$	$\dfrac{7}{26}$	$\dfrac{21}{26}$	$\dfrac{15}{26}$

( )

❶Tip 분모가 같은 분수는 분자가 클수록 큰 수이므로 분자가 가장 큰 수와 분자가 가장 작은 수를 찾은 후 식을 세워 계산해요.

1-1 가장 큰 수와 가장 작은 수의 차를 구해 보세요.

$\dfrac{9}{12}$	1	$\dfrac{11}{12}$	$\dfrac{8}{12}$

( )

1-2 가장 큰 수와 가장 작은 수의 합은 얼마인가요? ( )

$\dfrac{15}{8}$	$1\dfrac{2}{8}$	$1\dfrac{3}{8}$	$2\dfrac{1}{8}$

① $3\dfrac{1}{8}$ ② $3\dfrac{2}{8}$ ③ $3\dfrac{3}{8}$

④ $4\dfrac{1}{8}$ ⑤ $4\dfrac{2}{8}$

🔗 4회 16번

유형 2 분수의 덧셈 활용

수지의 몸무게는 $32\dfrac{1}{5}$ kg입니다. 언니는 수지보다 $4\dfrac{2}{5}$ kg 더 무겁습니다. 수지와 언니의 몸무게의 합은 몇 kg인지 구해 보세요.

( )

❶Tip (언니의 몸무게)＝(수지의 몸무게)＋$4\dfrac{2}{5}$

2-1 정우는 토마토주스를 어제는 $\dfrac{3}{10}$ L 마셨고, 오늘은 어제보다 $\dfrac{2}{10}$ L 더 많이 마셨습니다. 정우가 어제와 오늘 마신 토마토주스는 모두 몇 L인지 구해 보세요.

( )

2-2 헌 종이를 승원이는 $\dfrac{7}{13}$ kg 모았고, 재아는 승원이보다 $\dfrac{2}{13}$ kg 더 모았습니다. 승원이와 재아가 모은 헌 종이는 모두 몇 kg인지 구해 보세요.

( )

2-3 라희는 빨간색 끈을 $1\dfrac{2}{7}$ m 가지고 있고, 노란색 끈을 빨간색 끈보다 $\dfrac{4}{7}$ m 더 많이 가지고 있습니다. 라희가 가지고 있는 빨간색 끈과 노란색 끈은 모두 몇 m인지 구해 보세요.

( )

$\mathscr{O}$ 2회 18번 $\mathscr{O}$ 3회 16번

유형 3 분수의 뺄셈 활용

병에 물이 $7\frac{5}{6}$ L 들어 있었습니다. 그중에서 송이가 $1\frac{2}{6}$ L 사용하고, 상우가 $\frac{10}{6}$ L 사용했다면 남은 물은 몇 L인지 구해 보세요.

(   )

❶ Tip (송이와 상우가 사용하고 남은 물의 양)
      =(처음에 있던 물의 양)
        −(송이가 사용한 물의 양)
        −(상우가 사용한 물의 양)

3-1 밀가루가 1 kg 있었습니다. 그중에서 쿠키를 만드는 데 $\frac{5}{25}$ kg 사용하고, 빵을 만드는 데 $\frac{8}{25}$ kg 사용했다면 남은 밀가루는 몇 kg인지 구해 보세요.

(   )

3-2 철사가 $3\frac{1}{10}$ m 있었습니다. 현재가 $1\frac{1}{10}$ m 사용하고, 하린이가 $\frac{13}{10}$ m 사용했다면 남은 철사는 몇 m인지 구해 보세요.

(   )

3-3 선미는 운동을 어제는 $\frac{7}{12}$시간 했고, 오늘은 $\frac{6}{12}$시간 했습니다. 선미가 어제부터 내일까지 모두 3시간 운동하려고 한다면 내일은 운동을 몇 시간 해야 하는지 분수로 나타내어 보세요.

(   )

$\mathscr{O}$ 2회 16번 $\mathscr{O}$ 3회 13번 $\mathscr{O}$ 4회 13번

유형 4 어떤 수 구하기

어떤 대분수에 $2\frac{2}{11}$를 더했더니 5가 되었습니다. 어떤 대분수를 구해 보세요.

(   )

❶ Tip (어떤 대분수)$+2\frac{2}{11}=5$
 ➡ (어떤 대분수)$=5-2\frac{2}{11}$

4-1 어떤 대분수에 $1\frac{1}{5}$을 더했더니 $6\frac{4}{5}$가 되었습니다. 어떤 대분수를 구해 보세요.

(   )

4-2 1에서 어떤 진분수를 뺐더니 $\frac{8}{22}$이 되었습니다. 어떤 진분수를 구해 보세요.

(   )

4-3 ♥에 알맞은 대분수를 구해 보세요.

$$2\frac{3}{7} + ♥ = 4\frac{1}{7}$$

(   )

🔗 1회 17번
유형 5 자연수를 분수의 합으로 나타내기

합이 6이 되는 두 분수를 찾아 기호를 써 보세요.

$$\bigcirc\ 1\frac{1}{3}\quad \bigcirc\ 2\frac{1}{3}\quad \bigcirc\ 4\frac{1}{3}\quad @\ 4\frac{2}{3}$$

(,   )

❶Tip 진분수 부분에서 분자끼리의 합이 분모와 같게 되는 두 수를 찾은 다음 이 중에서 자연수끼리의 합이 6−1=5가 되는 두 수를 찾아요.

5-1 $2\frac{1}{5}$과 더하여 6이 되는 수를 찾아 기호를 써 보세요.

$$\bigcirc\ 4\frac{4}{5}\quad\quad \bigcirc\ 3\frac{2}{5}\quad\quad \bigcirc\ 3\frac{4}{5}$$

(   )

5-2 합이 9가 되는 두 분수를 찾아 기호를 써 보세요.

$$\bigcirc\ 4\frac{7}{12}\quad\quad \bigcirc\ 2\frac{4}{12}$$
$$\bigcirc\ 4\frac{5}{12}\quad\quad @\ 6\frac{7}{12}$$

(,   )

🔗 3회 18번
유형 6 바르게 계산한 값 구하기

어떤 대분수에서 $2\frac{3}{15}$을 빼야 할 것을 잘못하여 어떤 대분수에 $2\frac{3}{15}$을 더했더니 $6\frac{9}{15}$가 되었습니다. 바르게 계산하면 얼마인지 구해 보세요.

(   )

❶Tip (어떤 대분수)$+2\frac{3}{15}=6\frac{9}{15}$

➜ (어떤 대분수)$=6\frac{9}{15}-2\frac{3}{15}$

6-1 어떤 수에서 $2\frac{5}{6}$를 빼야 할 것을 잘못하여 어떤 수에 $2\frac{5}{6}$를 더했더니 $8\frac{1}{6}$이 되었습니다. 바르게 계산하면 얼마인지 구해 보세요.

(   )

6-2 어떤 수에 $3\frac{1}{9}$을 더해야 할 것을 잘못하여 어떤 수에서 $3\frac{1}{9}$을 뺐더니 $5\frac{8}{9}$이 되었습니다. 바르게 계산하면 얼마인지 구해 보세요.

(   )

6-3 어떤 수에서 $1\frac{5}{7}$를 빼야 할 것을 잘못하여 $1\frac{5}{7}$의 자연수 부분과 분자를 바꾼 수를 뺐더니 $4\frac{6}{7}$이 되었습니다. 바르게 계산하면 얼마인지 구해 보세요.

(   )

🔗 4회 18번

유형 7 계산 결과를 가장 크게(작게) 만들기

두 수를 골라 ☐ 안에 써넣어 계산 결과가 가장 큰 뺄셈식을 만들고 계산해 보세요.

$$1,\ 3,\ 4 \rightarrow 11 - \boxed{}\dfrac{\boxed{}}{9}$$

(   )

❶Tip 계산 결과가 가장 크려면 빼는 대분수의 자연수 부분에는 가장 작은 수를, 분자에는 두 번째로 작은 수를 써넣어야 해요.

7-1 두 수를 골라 ☐ 안에 써넣어 계산 결과가 가장 큰 뺄셈식을 만들려고 합니다. 이때의 계산 결과를 구해 보세요.

$$1,\ 2,\ 6 \rightarrow 6\dfrac{\boxed{}}{13} - 1\dfrac{\boxed{}}{13}$$

(   )

7-2 두 수를 골라 ☐ 안에 써넣어 계산 결과가 가장 작은 뺄셈식을 만들려고 합니다. 이때의 계산 결과를 구해 보세요.

$$2,\ 4,\ 5,\ 6 \rightarrow 7 - \boxed{}\dfrac{\boxed{}}{8}$$

(   )

7-3 두 수를 골라 ☐ 안에 써넣어 계산 결과가 가장 작은 뺄셈식을 만들려고 합니다. 이때의 계산 결과를 구해 보세요.

$$2,\ 3,\ 6,\ 9 \rightarrow 10\dfrac{\boxed{}}{12} - 7\dfrac{\boxed{}}{12}$$

(   )

🔗 1회 18번

유형 8 조건에 맞는 분수 구하기

분모가 9인 진분수가 2개 있습니다. 합이 $\dfrac{6}{9}$, 차가 $\dfrac{4}{9}$인 두 진분수를 구해 보세요.

(,   )

❶Tip 두 진분수의 분모는 같으므로 합이 6, 차가 4인 두 진분수의 분자를 찾아요.

8-1 분모가 10인 진분수가 2개 있습니다. 합이 $1\dfrac{3}{10}$, 차가 $\dfrac{3}{10}$인 두 진분수를 구해 보세요.

(,   )

8-2 분모가 8인 진분수가 2개 있습니다. 합이 $\dfrac{6}{8}$, 차가 $\dfrac{2}{8}$인 두 진분수 중 더 큰 수를 구해 보세요.

(   )

8-3 분모가 10인 두 가분수의 합이 $2\dfrac{4}{10}$인 덧셈식을 모두 써 보세요. (단, $\dfrac{10}{10} + \dfrac{18}{10}$과 $\dfrac{18}{10} + \dfrac{10}{10}$은 같은 덧셈식으로 생각합니다.)

(   )

🔗 3회 17번

유형 9 ☐ 안에 들어갈 수 있는 수 구하기

☐ 안에 들어갈 수 있는 자연수를 모두 구해 보세요.

$$\frac{☐}{16} + \frac{3}{16} < \frac{9}{16}$$

(   )

❶Tip $\frac{☐}{16} + \frac{3}{16} = \frac{☐+3}{16}$ 이므로

$\frac{☐+3}{16} < \frac{9}{16}$ 에서 ☐+3<9를 만족하는 ☐를 구해요.

9-1 ☐ 안에 들어갈 수 있는 자연수를 구해 보세요.

$$\frac{8}{9} + \frac{☐}{9} < 1\frac{1}{9}$$

(   )

9-2 ☐ 안에 들어갈 수 있는 자연수를 모두 구해 보세요.

$$2\frac{7}{10} + 3\frac{6}{10} > 6\frac{☐}{10}$$

(   )

9-3 ☐ 안에 들어갈 수 있는 자연수 중에서 가장 작은 수를 구해 보세요.

$$8\frac{3}{7} - \frac{☐}{7} < 6\frac{6}{7}$$

(   )

🔗 1회 19번

유형 10 만들 수 있는 개수와 남는 양 구하기

밀가루 $3\frac{3}{5}$ kg이 있습니다. 빵 1개를 만드는 데 밀가루 $1\frac{2}{5}$ kg이 필요합니다. 빵을 몇 개까지 만들 수 있고, 남는 밀가루는 몇 kg 인지 구해 보세요.

빵을 (   )개까지 만들 수 있고, 남는 밀가루는 (   ) kg입니다.

❶Tip 전체 밀가루의 무게에서 빵 1개를 만들 때 필요한 밀가루의 무게만큼씩 계속 빼요.

10-1 냉장고에 우유가 3 L 있습니다. 수민이가 매일 $\frac{21}{25}$ L씩 마실 때 며칠 동안 마실 수 있고, 남는 우유는 몇 L인지 구해 보세요.

우유를 (   )일 동안 마실 수 있고, 남는 우유는 (   ) L입니다.

10-2 상자 안에 사과가 $13\frac{5}{20}$ kg 있습니다. 사과즙 1병을 만드는 데 사과 $3\frac{6}{20}$ kg을 사용한다면 상자 안에 있는 사과로 사과즙을 몇 병까지 만들 수 있고, 남는 사과는 몇 kg인지 구해 보세요.

사과즙을 (   )병까지 만들 수 있고, 남는 사과는 (   ) kg입니다.

1 단원

유형 11 **수 카드를 사용하여 식 만들기** 🔗 3회 20번

수 카드 5장 중 4장을 골라 분모가 9인 가장 큰 대분수와 가장 작은 대분수를 만들어 두 수의 차를 구하려고 합니다. 뺄셈식을 완성하고, 계산 결과를 구해 보세요.

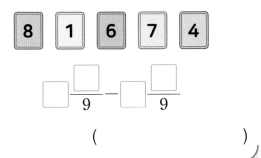

$$\square\dfrac{\square}{9} - \square\dfrac{\square}{9}$$

( )

❶Tip 가장 큰 대분수를 만들려면 자연수 부분에 가장 큰 수, 분자에 두 번째로 큰 수를 놓아야 해요. 가장 작은 대분수를 만들려면 자연수 부분에 가장 작은 수, 분자에 두 번째로 작은 수를 놓아야 해요.

11-1 수 카드 5장 중 4장을 골라 분모가 11인 가장 큰 대분수와 두 번째로 작은 대분수를 만들어 두 수의 차를 구하려고 합니다. 뺄셈식을 완성하고, 계산 결과를 구해 보세요.

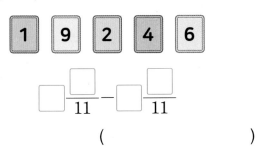

$$\square\dfrac{\square}{11} - \square\dfrac{\square}{11}$$

( )

11-2 수 카드 4장 중 2장을 골라 만들 수 있는 분모가 7인 가장 작은 진분수와 3장을 골라 만들 수 있는 분모가 7인 가장 작은 대분수의 합을 구해 보세요.

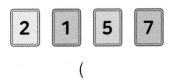

( )

유형 12 **전체의 양 구하기** 🔗 2회 20번

석훈이는 역사책을 어제는 전체의 $\dfrac{5}{13}$를 읽었고, 오늘은 전체의 $\dfrac{7}{13}$을 읽었습니다. 남은 역사책의 쪽수가 13쪽이라면 석훈이가 읽은 역사책의 전체 쪽수는 몇 쪽인지 구해 보세요.

( )

❶Tip 전체를 1로 하였을 때, 남은 부분이 전체의 얼마인지 분수로 나타내요.

12-1 지효는 동화책을 어제는 전체의 $\dfrac{5}{8}$를 읽었고, 오늘은 전체의 $\dfrac{2}{8}$를 읽었습니다. 남은 동화책의 쪽수가 14쪽이라면 지효가 읽은 동화책의 전체 쪽수는 몇 쪽인지 구해 보세요.

( )

12-2 승우는 주스 한 병을 사서 어제는 전체의 $\dfrac{3}{6}$을 마셨고, 오늘은 전체의 $\dfrac{2}{6}$를 마셨습니다. 남은 주스가 50 mL라면 주스 한 병은 몇 mL인지 구해 보세요.

( )

12-3 재윤이는 밀가루 한 봉지로 쿠키를 만드는 데 전체의 $\dfrac{4}{12}$를 사용했고, 빵을 만드는 데 전체의 $\dfrac{7}{12}$을 사용했습니다. 남은 밀가루가 125 g이라면 밀가루 한 봉지는 몇 g인지 구해 보세요.

( )

2

삼각형

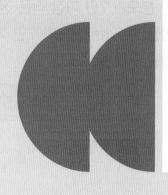

삼각형

개념 1 변의 길이에 따라 삼각형 분류하기

◆ 이등변삼각형

(두 , 세) 변의 길이가 같은 삼각형을 이등변삼각형이라고 합니다.

◆ 정삼각형

세 변의 길이가 같은 삼각형을 정삼각형이라고 합니다.

> 참고
>
> 정삼각형은 세 변의 길이가 같아요. 따라서 모든 정삼각형은 이등변삼각형이라고 할 수 있어요.

개념 2 이등변삼각형의 성질

이등변삼각형은 길이가 같은 두 변에 있는 두 각의 크기가 (같습니다 , 다릅니다).

개념 3 정삼각형의 성질

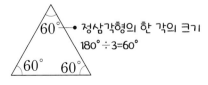

정삼각형의 한 각의 크기
$180° \div 3 = 60°$

정삼각형은 세 각의 크기가 모두
(같습니다 , 다릅니다).

개념 4 각의 크기에 따라 삼각형 분류하기

◆ 예각삼각형

세 각이 모두 예각인 삼각형을 예각삼각형이라고 합니다.

크기가 0°보다 크고 90°보다 작은 각

◆ 둔각삼각형

한 각이 [   ]인 삼각형을 둔각삼각형이라고 합니다.

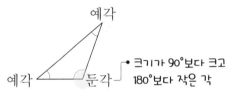

크기가 90°보다 크고 180°보다 작은 각

개념 5 두 가지 기준으로 삼각형 분류하기

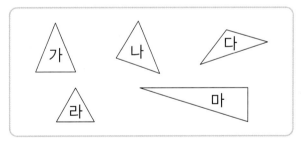

	예각삼각형	직각삼각형	둔각삼각형
이등변삼각형	가		다
정삼각형	[ ]		
세 변의 길이가 모두 다른 삼각형	나	마	

정답 ❶두 ❷같습니다 ❸같습니다 ❹둔각 ❺라

25

🔗 38~43쪽에서 같은 유형의 문제를 더 풀 수 있어요.

점수

01~02 삼각형을 보고 물음에 답해 보세요.

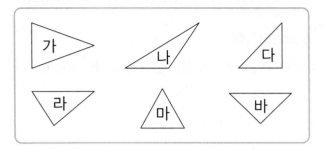

01 이등변삼각형을 모두 찾아 써 보세요.

( )

02 정삼각형을 찾아 써 보세요.

( )

03 다음은 이등변삼각형입니다. ☐ 안에 알맞은 수를 써넣으세요.

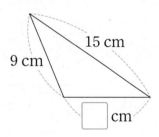

04 다음은 정삼각형입니다. ☐ 안에 알맞은 수를 써넣으세요.

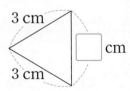

05 예각삼각형을 그려 보세요.

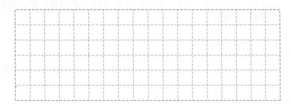

06 둔각삼각형을 모두 찾아 써 보세요.

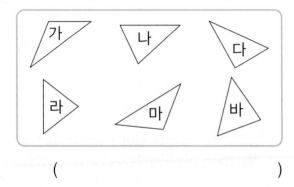

( )

07 삼각형의 세 각의 크기를 보고 삼각형의 이름을 **보기**에서 찾아 써 보세요.

25°   60°   95°

┌ 보기 ┐
예각삼각형 직각삼각형 둔각삼각형

( )

08 삼각형의 세 각의 크기를 보고 이등변삼각형이 아닌 것을 찾아 기호를 써 보세요.

> ㉠ 50°, 50°, 80°
> ㉡ 30°, 120°, 30°
> ㉢ 25°, 45°, 110°

( )

09 점 종이에서 삼각형 ㄱㄴㄷ의 점 ㄱ을 옮겨서 둔각삼각형을 만들려고 합니다. 점 ㄱ을 어느 점으로 옮겨야 할까요? ( )

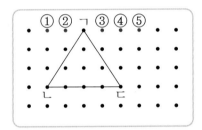

10 다음 삼각형의 이름이 될 수 있는 것을 모두 고르세요. ( )

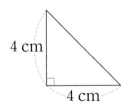

① 이등변삼각형　② 정삼각형
③ 직각삼각형　④ 예각삼각형
⑤ 둔각삼각형

11 오른쪽 삼각형의 세 변의 길이의 합은 몇 cm인지 구해 보세요.

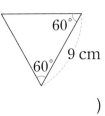

( )

12 오른쪽 삼각형의 ㉠과 ㉡의 각도가 같을 때, 삼각형의 세 변의 길이의 합은 몇 cm인지 구해 보세요.

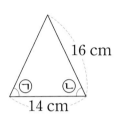

( )

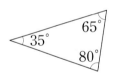

13 다음 도형이 이등변삼각형이 아닌 이유를 써 보세요.

[이유]▶

_____

_____

_____

14 세 변의 길이가 다음과 같은 이등변삼각형을 그렸습니다. ♥가 될 수 있는 수를 모두 구해 보세요.

> ♥ cm　　12 cm　　8 cm

( )

15 정삼각형 2개를 다음과 같이 이어 붙였습니다. 각 ㄱㄴㄷ의 크기는 몇 도인지 구해 보세요.

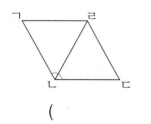

( )

16 삼각형의 일부가 지워졌습니다. 이 삼각형의 이름이 될 수 있는 것을 모두 찾아 기호를 써 보세요.

AI가 뽑은 정답률 낮은 문제
38쪽 유형2

⊙ 이등변삼각형 ⓒ 예각삼각형
ⓒ 직각삼각형 ② 정삼각형

( )

17 크기가 같은 정삼각형 3개를 이어 붙여서 다음과 같은 도형을 만들었습니다. 빨간색 선의 길이는 몇 cm인지 구해 보세요.

AI가 뽑은 정답률 낮은 문제
41쪽 유형7

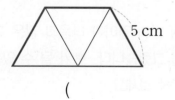

( )

18 직선 가 위에 다음과 같이 삼각형을 그렸습니다. ☐ 안에 알맞은 수를 써넣으세요.

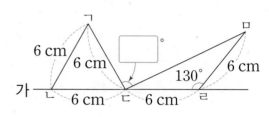

19 다음에서 찾을 수 있는 크고 작은 둔각삼각형은 모두 몇 개인지 구해 보세요.

AI가 뽑은 정답률 낮은 문제
40쪽 유형6

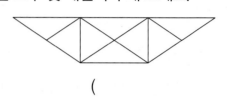

( )

20 삼각형 ㄱㄴㄷ은 이등변삼각형입니다. 각 ㄱㄷㄹ의 크기는 몇 도인지 풀이 과정을 쓰고 답을 구해 보세요.

AI가 뽑은 정답률 낮은 문제
39쪽 유형4
서술형

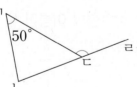

풀이 ▶

답 ▶

01 ☐ 안에 알맞은 말을 써넣으세요.

- 두 변의 길이가 같은 삼각형은 ☐☐☐☐ 삼각형입니다.
- 세 변의 길이가 같은 삼각형은 ☐ 삼각형입니다.

02 주어진 선분을 한 변으로 하는 정삼각형을 그려 보세요.

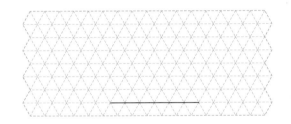

03 예각삼각형을 찾아 써 보세요.

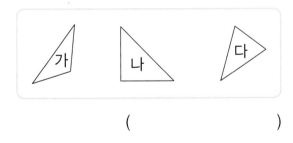

( )

04 다음은 이등변삼각형입니다. ☐ 안에 알맞은 수를 써넣으세요.

05 다음은 정삼각형입니다. ☐ 안에 알맞은 수를 써넣으세요.

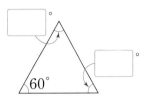

06 정삼각형에 대해 잘못 설명한 것은 어느 것인가요? ( )

① 세 변의 길이가 같습니다.
② 모양과 크기가 모두 같습니다.
③ 세 각의 크기가 같습니다.
④ 이등변삼각형입니다.
⑤ 세 각의 크기가 모두 60°입니다.

07 삼각형에서 ㉠의 각도는 몇 도인지 구해 보세요.

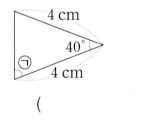

( )

08 둔각삼각형을 그리려고 합니다. 선분 ㄱㄴ의 양 끝과 어느 점을 이어야 할지 구해 보세요.

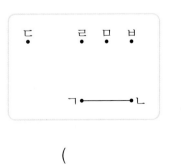

( )

29

09 삼각형의 이름이 될 수 있는 것을 모두 찾아 기호를 써 보세요.

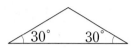

┌─────────────────────────────┐
│ ㉠ 정삼각형   ㉡ 이등변삼각형 │
│ ㉢ 예각삼각형   ㉣ 둔각삼각형   │
└─────────────────────────────┘

(   )

서술형

10 세 변의 길이의 합이 57 cm인 정삼각형이 있습니다. 이 정삼각형의 한 변의 길이는 몇 cm인지 풀이 과정을 쓰고 답을 구해 보세요.

풀이 ▶
_____
_____

_____

답 ▶
_____

11 길이가 다음과 같은 막대 3개를 변으로 하여 만들 수 있는 삼각형의 이름의 기호를 써 보세요.

┌─────────────────────────────┐
│ ㉠ 이등변삼각형   ㉡ 정삼각형   │
└─────────────────────────────┘

(   )

AI가 뽑은 정답률 낮은 문제
12 ⊘ 38쪽 유형2
12 삼각형의 일부가 찢어졌습니다. 이 삼각형은 예각삼각형, 직각삼각형, 둔각삼각형 중 어느 것인지 써 보세요.

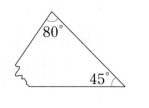

(   )

13 보기에서 설명하는 도형을 바르게 그린 것에 ○표 해 보세요.

┌─ 보기 ──────────────────────┐
│ • 변이 3개입니다.   │
│ • 두 변의 길이가 같습니다.   │
│ • 세 각이 모두 예각입니다.   │
└─────────────────────────────┘

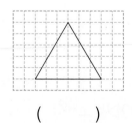   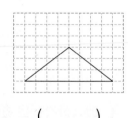

(   )   (   )

14 삼각형에 대해 바르게 설명한 것을 찾아 기호를 써 보세요.

┌─────────────────────────────┐
│ ㉠ 이등변삼각형은 정삼각형입니다.   │
│ ㉡ 둔각삼각형은 이등변삼각형입니다. │
│ ㉢ 이등변삼각형은 예각삼각형, 직각 │
│   삼각형, 둔각삼각형이 될 수 있습 │
│   니다.   │
│ ㉣ 정삼각형은 둔각삼각형이 될 수   │
│   있습니다.   │
└─────────────────────────────┘

(   )

15 크기가 같은 성냥개비 14개로 다음과 같은 모양을 만들었습니다. 이 모양에서 찾을 수 있는 크고 작은 정삼각형은 모두 몇 개인지 구해 보세요.

◇ 40쪽
유형 6

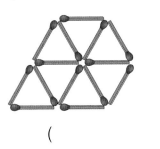

(   )

16 삼각형 ㄱㄹㄷ은 정삼각형입니다. 각 ㄴㄷㄹ의 크기는 몇 도인지 구해 보세요.

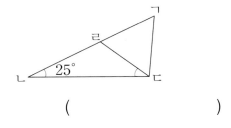

(   )

🖊 서술형

17 채현이는 길이가 44 cm인 철사를 모두 사용하여 한 변의 길이가 12 cm인 이등변삼각형을 만들었습니다. 채현이가 만든 이등변삼각형의 세 변이 될 수 있는 길이를 모두 구하려고 합니다. 풀이 과정을 쓰고 답을 구해 보세요.

◇ 39쪽
유형 3

풀이 ▶
_____

_____

_____

답 ▶
_____

18 삼각형 ㄱㄴㄷ은 이등변삼각형이고, 삼각형 ㄱㄷㄹ은 정삼각형입니다. 삼각형 ㄱㄴㄷ의 세 변의 길이의 합이 14 cm일 때 사각형 ㄱㄴㄷㄹ의 네 변의 길이의 합은 몇 cm인지 구해 보세요.

◇ 41쪽
유형 8

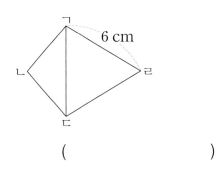

(   )

19 삼각형 ㄱㄴㄷ은 정삼각형이고, 삼각형 ㄹㄴㄷ은 이등변삼각형입니다. 각 ㄱㄷㄹ의 크기는 몇 도인지 구해 보세요.

◇ 43쪽
유형 11

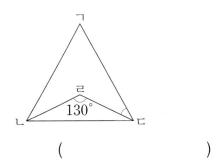

(   )

20 삼각형 ㄱㄴㄷ과 삼각형 ㄹㄴㄷ은 이등변삼각형입니다. 각 ㄴㅁㄷ의 크기는 몇 도인지 구해 보세요.

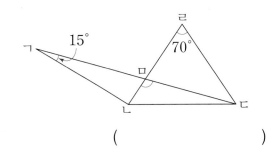

(   )

2 단원

01~02 삼각형을 보고 ☐ 안에 알맞게 써넣으세요.

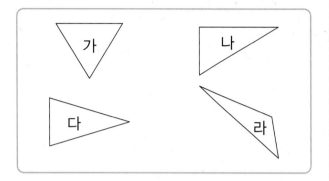

01 두 변의 길이가 같은 삼각형은 ☐, ☐입니다.

02 이등변삼각형은 ☐, ☐입니다.

03~04 삼각형을 보고 ☐ 안에 알맞은 수를 써넣으세요.

03

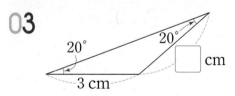

04

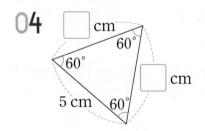

05~06 직사각형 모양의 종이를 선을 따라 오려 삼각형을 만들었습니다. 물음에 답해 보세요.

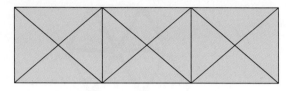

05 예각삼각형은 모두 몇 개인지 구해 보세요.

( )

06 둔각삼각형은 모두 몇 개인지 구해 보세요.

( )

07 이등변삼각형이면서 둔각삼각형인 도형을 찾아 써 보세요.

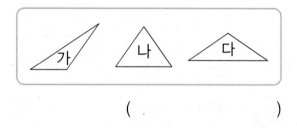

( )

08 다음은 정삼각형입니다. ㉠과 ㉡의 각도의 합은 몇 도인지 구해 보세요.

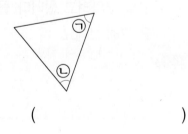

( )

09 ☐ 안에 알맞은 수를 써넣으세요.

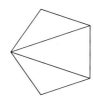

> 그림에서 찾을 수 있는 예각삼각형은
> ☐ 개, 둔각삼각형은 ☐ 개입니다.

AI가 뽑은 정답률 낮은 문제

10 삼각형의 두 각의 크기를 보고 예각삼각형
을 찾아 기호를 써 보세요.

38쪽
유형 1

> ㉠ 55°, 35°
> ㉡ 60°, 25°
> ㉢ 80°, 55°

( )

11 다음 설명 중 틀린 것은 어느 것인가요?

( )

① 세 변의 길이가 같은 삼각형을 정삼
각형이라고 합니다.
② 정삼각형은 이등변삼각형이라고 할
수 있습니다.
③ 예각삼각형은 한 각만 예각입니다.
④ 둔각삼각형은 한 각만 둔각입니다.
⑤ 정삼각형은 예각삼각형입니다.

12 길이가 60 cm인 철사를 겹치지 않게 사용
하여 정삼각형을 1개 만들고 6 cm가 남았
습니다. 만든 정삼각형의 한 변의 길이는
몇 cm인지 구해 보세요.

( )

13 삼각형의 이름을 알아보려고 합니다. ☐ 안
에 알맞은 말을 써넣으세요.

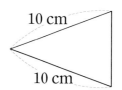

> 삼각형을 각의 크기에 따라 분류하면
> ☐ 삼각형이고, 변의 길이에 따라
> 분류하면 ☐ 삼각형입니다.

14 길이가 다음과 같은 막대 3개를 변으로 하
여 만들 수 있는 삼각형의 이름을 모두 찾
아 기호를 써 보세요.

> ㉠ 직각삼각형 ㉡ 정삼각형
> ㉢ 예각삼각형 ㉣ 둔각삼각형

( )

15 크기와 모양이 같은 이등변삼각형 2개를 다음과 같이 이어 붙였습니다. 각 ㄴㄱㄹ의 크기는 몇 도인지 구해 보세요.

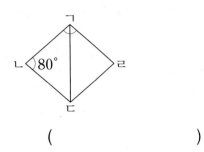

(   )

AI가 뽑은 정답률 낮은 문제

16 📎39쪽 유형4 오른쪽 삼각형 ㄱㄴㄷ은 이등변삼각형입니다. 각 ㄱㄷㄹ의 크기는 몇 도인지 풀이 과정을 쓰고 답을 구해 보세요.

✏️서술형

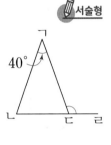

풀이 ▶
_____

_____

답 ▶
_____

AI가 뽑은 정답률 낮은 문제

17 📎38쪽 유형2 삼각형의 일부가 지워졌습니다. 이등변삼각형이면서 예각삼각형인 것을 찾아 기호를 써 보세요.

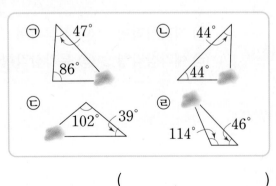

(   )

AI가 뽑은 정답률 낮은 문제

18 📎42쪽 유형9 삼각형 ㄱㄴㄷ과 삼각형 ㄱㄷㄹ은 이등변삼각형입니다. 각 ㄴㄱㄷ의 크기는 몇 도인지 구해 보세요.

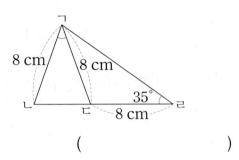

(   )

AI가 뽑은 정답률 낮은 문제

19 📎43쪽 유형12 삼각형 ㄱㄷㄹ과 삼각형 ㄱㄴㅁ은 정삼각형입니다. 삼각형 ㄱㄴㅁ의 세 변의 길이의 합이 60 cm일 때, 사각형 ㄴㄷㄹㅁ의 네 변의 길이의 합은 몇 cm인지 구해 보세요.

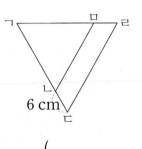

(   )

AI가 뽑은 정답률 낮은 문제

20 📎40쪽 유형5 다음 이등변삼각형과 세 변의 길이의 합이 같은 정삼각형이 있습니다. 이 정삼각형의 한 변의 길이는 몇 cm인지 풀이 과정을 쓰고 답을 구해 보세요.

✏️서술형

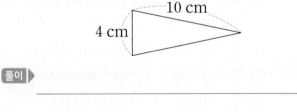

풀이 ▶
_____

_____

답 ▶
_____

01~03 삼각형을 보고 ☐ 안에 알맞은 수를 써 넣으세요.

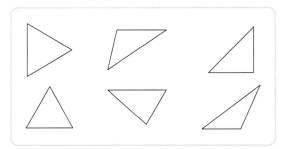

01 예각삼각형은 ☐ 개입니다.

02 직각삼각형은 ☐ 개입니다.

03 둔각삼각형은 ☐ 개입니다.

04 삼각형을 분류하여 표로 나타내어 보세요.

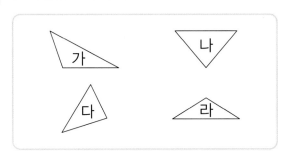

	예각삼각형	둔각삼각형
이등변 삼각형		
세 변의 길이가 모두 다른 삼각형		

05 정삼각형을 모두 찾아 써 보세요.

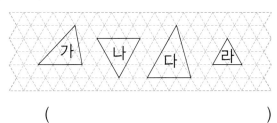

(   )

06 이등변삼각형을 모두 찾아 색칠해 보세요.

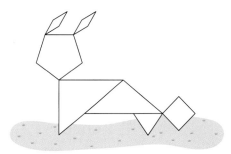

07 정삼각형의 세 변의 길이의 합은 몇 cm인가요?　　　　(　　　　)

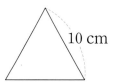

10 cm

① 27 cm　　② 28 cm　　③ 29 cm
④ 30 cm　　⑤ 31 cm

⚡ AI가 뽑은 정답률 낮은 문제

08 삼각형의 두 각의 크기를 보고 둔각삼각형을 찾아 ○표 해 보세요.

🔗 38쪽
유형 1

30°, 85°	45°, 15°	90°, 15°

(　　　) (　　　) (　　　)

09 관계있는 것끼리 이어 보세요.

이등변삼각형　　정삼각형

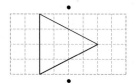

예각삼각형　　직각삼각형　　둔각삼각형

10 대화를 읽고 ☐ 안에 알맞은 말을 써넣으세요.

- 수경: 내가 가지고 있는 빨대의 길이는 9 cm야.
- 영혜: 내가 가지고 있는 빨대의 길이는 6 cm야.
- 효정: 나는 영혜와 같은 길이의 빨대를 가지고 있어.
- 수경: 우리가 가진 빨대를 세 변으로 하는 삼각형의 이름은 ☐ 삼각형이야.

11 정사각형 모양의 색종이로 그림과 같이 삼각형을 만들었습니다. 만든 삼각형의 이름을 모두 고르세요. (　　　　)

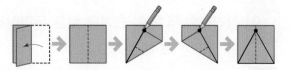

① 이등변삼각형　　② 정삼각형
③ 예각삼각형　　④ 직각삼각형
⑤ 둔각삼각형

12 다음과 같이 삼각형을 한 개씩 그렸을 때 네 삼각형에서 찾을 수 있는 예각의 수와 둔각의 수의 합은 몇 개인지 구하려고 합니다. 풀이 과정을 쓰고 답을 구해 보세요.

정삼각형	예각삼각형
직각삼각형	둔각삼각형

풀이 ▶

＿＿＿＿＿＿＿＿＿＿＿＿＿＿＿

＿＿＿＿＿＿＿＿＿＿＿＿＿＿＿

＿＿＿＿＿＿＿＿＿＿＿＿＿＿＿

답 ▶

＿＿＿＿＿＿＿＿＿＿＿＿＿＿＿

⚡ AI가 뽑은 정답률 낮은 문제

13 삼각형 ㄱㄴㄷ은 이등변삼각형입니다. ⊙의 각도는 몇 도인지 구해 보세요.

🔗 39쪽 유형 4

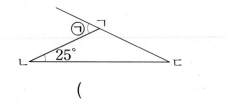

(　　　　　　　　)

14 삼각형 ㄱㄴㄷ과 삼각형 ㄱㄷㄹ은 이등변삼각형입니다. 삼각형 ㄱㄴㄹ은 예각삼각형, 직각삼각형, 둔각삼각형 중에서 어떤 삼각형인지 써 보세요.

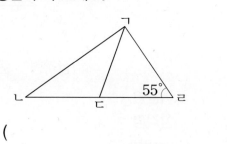

(　　　　　　　　　)

15 다음에서 찾을 수 있는 크고 작은 둔각삼각형은 모두 몇 개인지 구해 보세요.

𝒫 40쪽
유형 6

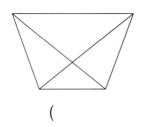

( )

16 한 각의 크기가 45°인 둔각삼각형을 그리려고 합니다. 이 삼각형의 다른 예각의 크기가 될 수 있는 각도 중 가장 큰 각도를 구해 보세요. (단, 각도는 자연수로 구합니다.)

( )

서술형

17 삼각형 ㄱㄴㄷ은 이등변삼각형이고, 삼각형 ㄱㄷㄹ은 정삼각형입니다. 변 ㄴㄹ의 길이는 몇 cm인지 풀이 과정을 쓰고 답을 구해 보세요.

𝒫 42쪽
유형 10

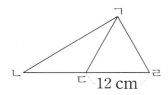

풀이 ▶
_____
_____
_____

답 ▶
_____

18 삼각형 ㄱㄴㄷ은 정삼각형이고, 삼각형 ㄱㄷㄹ은 이등변삼각형입니다. 사각형 ㄱㄴㄷㄹ의 네 변의 길이의 합은 몇 cm인지 구해 보세요.

𝒫 41쪽
유형 8

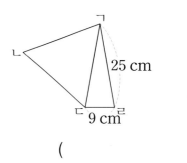

( )

19 삼각형 ㄱㄴㄷ은 정삼각형이고, 삼각형 ㄹㄴㄷ은 이등변삼각형입니다. 각 ㄱㄷㄹ의 크기는 몇 도인지 구해 보세요.

𝒫 43쪽
유형 11

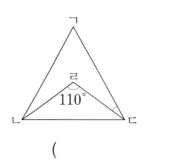

( )

20 정삼각형 ㄱㄴㅂ과 이등변삼각형 ㅂㄹㅁ의 세 변의 길이의 합은 같습니다. 사각형 ㄴㄷㄹㅂ의 네 변의 길이의 합은 몇 cm인지 구해 보세요.

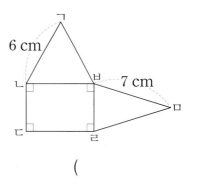

( )

유형 1

🔗 3회 10번 🔗 4회 8번

두 각의 크기를 보고 예각(둔각)삼각형 찾기

삼각형의 두 각의 크기를 보고 예각삼각형을 모두 찾아 기호를 써 보세요.

㉠ 20°, 60°	㉡ 70°, 55°
㉢ 60°, 40°	㉣ 35°, 50°

(   )

❶Tip 두 각의 크기를 이용하여 나머지 한 각의 크기를 구해요.

1 -1 삼각형의 두 각의 크기를 보고 둔각삼각형을 찾아 기호를 써 보세요.

㉠ 80°, 15°	㉡ 60°, 30°
㉢ 55°, 45°	㉣ 45°, 40°

(   )

1 -2 왼쪽은 삼각형의 두 각의 크기입니다. 관계있는 것끼리 선으로 연결해 보세요.

55°, 55°

40°, 70°

20°, 40°

예각삼각형

둔각삼각형

유형 2

🔗 1회 16번 🔗 2회 12번 🔗 3회 17번

일부가 보이지 않는 삼각형의 이름 구하기

오른쪽 삼각형의 일부가 찢어졌습니다. 이 삼각형의 이름이 될 수 없는 것을 찾아 기호를 써 보세요.

㉠ 이등변삼각형	㉡ 예각삼각형
㉢ 직각삼각형	㉣ 정삼각형

(   )

❶Tip (나머지 한 각의 크기)
$= 180° - 60° - 60° = 60°$

2 -1 삼각형의 일부가 지워졌습니다. 이 삼각형의 이름이 될 수 있는 것을 모두 찾아 기호를 써 보세요.

㉠ 정삼각형	㉡ 이등변삼각형
㉢ 둔각삼각형	㉣ 예각삼각형

(   )

2 -2 오른쪽 삼각형의 일부가 지워졌습니다. 이 삼각형의 이름이 될 수 있는 것을 모두 찾아 기호를 써 보세요.

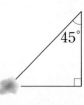

㉠ 이등변삼각형	㉡ 둔각삼각형
㉢ 직각삼각형	㉣ 정삼각형

(   )

🔗 2회 17번

유형 3 이등변삼각형의 변의 길이 구하기

삼각형 ㄱㄴㄷ은 이등변삼각형입니다. 세 변의 길이의 합이 53 cm일 때, ☐ 안에 알맞은 수를 써넣으세요.

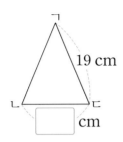

19 cm

☐ cm

❶Tip 이등변삼각형은 두 변의 길이가 같음을 이용하여 나머지 한 변의 길이를 먼저 구해요.

3-1 삼각형 ㄱㄴㄷ은 이등변삼각형입니다. 세 변의 길이의 합이 24 cm일 때, 변 ㄱㄴ의 길이는 몇 cm인지 구해 보세요.

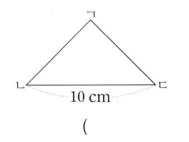

10 cm

(   )

3-2 세 변의 길이의 합이 46 cm인 이등변삼각형이 있습니다. 이 이등변삼각형의 한 변의 길이가 12 cm일 때, 다른 두 변이 될 수 있는 길이를 모두 구해 보세요.

(,   )
(,   )

🔗 1회 20번 🔗 3회 16번 🔗 4회 13번

유형 4 도형 밖의 각도 구하기

삼각형 ㄱㄴㄷ은 정삼각형입니다. 각 ㄱㄷㄹ의 크기는 몇 도인지 구해 보세요.

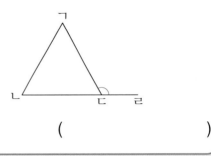

(   )

❶Tip 한 직선이 이루는 각의 크기는 180°예요.

4-1 삼각형 ㄱㄴㄷ은 이등변삼각형입니다. 각 ㄱㄷㄹ의 크기는 몇 도인지 구해 보세요.

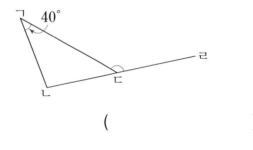

40°

(   )

4-2 삼각형 ㄱㄴㄷ은 이등변삼각형입니다. ☐ 안에 알맞은 수를 써넣으세요.

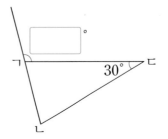

☐°

30°

🔗 3회 20번

유형 **5** 두 삼각형의 세 변의 길이의 합이 같을 때 한 변의 길이 구하기

다음 이등변삼각형과 세 변의 길이의 합이 같은 정삼각형이 있습니다. 이 정삼각형의 한 변의 길이는 몇 cm인지 구해 보세요.

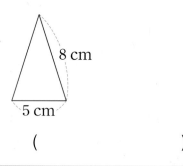

(   )

❗Tip 이등변삼각형은 두 변의 길이가 같고, 정삼각형은 세 변의 길이가 같음을 이용해요.

5-1 다음 이등변삼각형과 세 변의 길이의 합이 같은 정삼각형이 있습니다. 이 정삼각형의 한 변의 길이는 몇 cm인지 구해 보세요.

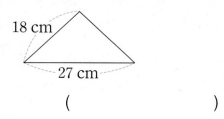

(   )

5-2 왼쪽 정삼각형의 세 변의 길이의 합과 오른쪽 이등변삼각형의 세 변의 길이의 합은 같습니다. ☐ 안에 알맞은 수를 써넣으세요.

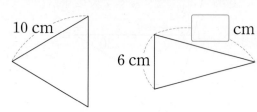

🔗 1회 19번 🔗 2회 15번 🔗 4회 15번

유형 **6** 크고 작은 삼각형 찾기

다음에서 찾을 수 있는 크고 작은 예각삼각형은 모두 몇 개인지 구해 보세요.

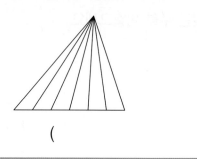

(   )

❗Tip 삼각형 1개짜리, 삼각형 2개짜리, 삼각형 3개짜리, 삼각형 4개짜리, 삼각형 5개짜리, 삼각형 6개짜리로 이루어진 예각삼각형이 각각 몇 개인지 구해요.

6-1 다음에서 찾을 수 있는 크고 작은 둔각삼각형은 모두 몇 개인지 구해 보세요.

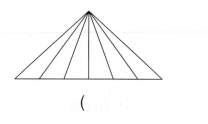

(   )

6-2 다음에서 찾을 수 있는 크고 작은 둔각삼각형은 모두 몇 개인가요?   (   )

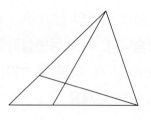

① 3개   ② 4개   ③ 5개
④ 6개   ⑤ 7개

🔗 1회 17번

유형 7 이어 붙인 도형에서 길이 구하기

크기가 같은 정삼각형 4개를 이어 붙여서 다음과 같은 도형을 만들었습니다. 빨간색 선의 길이는 몇 cm인지 구해 보세요.

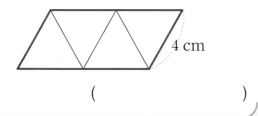

( )

❶Tip 빨간색 선의 길이가 정삼각형의 한 변의 길이의 몇 배인지 이용해요.

7-1 크기가 같은 정삼각형 6개를 이어 붙여서 다음과 같은 도형을 만들었습니다. 빨간색 선의 길이는 몇 cm인지 구해 보세요.

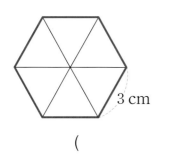

( )

7-2 크기가 같은 정삼각형 12개를 이어 붙여서 다음과 같은 도형을 만들었습니다. 초록색 선의 길이가 40 cm일 때, 정삼각형 한 변의 길이는 몇 cm인지 구해 보세요.

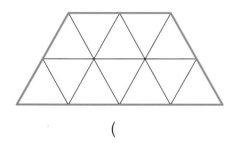

( )

🔗 2회 18번 🔗 4회 18번

유형 8 정삼각형과 이등변삼각형으로 만든 사각형의 네 변의 길이의 합 구하기

삼각형 ㄱㄴㄷ은 이등변삼각형이고, 삼각형 ㄱㄷㄹ은 정삼각형입니다. 사각형 ㄱㄴㄷㄹ의 네 변의 길이의 합은 몇 cm인지 구해 보세요.

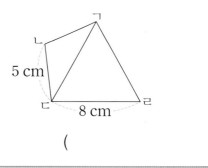

( )

❶Tip 이등변삼각형은 두 변의 길이가 같고, 정삼각형은 세 변의 길이가 같음을 이용해요.

8-1 삼각형 ㄱㄴㄷ은 정삼각형이고, 삼각형 ㄱㄷㄹ은 이등변삼각형입니다. 사각형 ㄱㄴㄷㄹ의 네 변의 길이의 합은 몇 cm인지 구해 보세요.

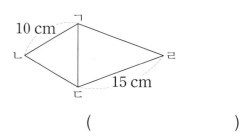

( )

8-2 삼각형 ㄱㄴㄷ은 정삼각형이고, 삼각형 ㄱㄷㄹ은 이등변삼각형입니다. 사각형 ㄱㄴㄷㄹ의 네 변의 길이의 합은 몇 cm인지 구해 보세요.

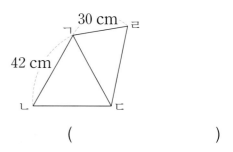

( )

2 단원

🔗 3회 18번

유형 9 이등변삼각형의 각의 성질 활용하기

삼각형 ㄱㄴㄷ과 삼각형 ㄹㅁㄷ은 이등변삼각형입니다. 각 ㄴㄷㄹ의 크기는 몇 도인지 구해 보세요.

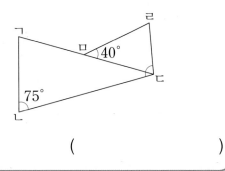

(   )

❗Tip 이등변삼각형은 길이가 같은 두 변에 있는 두 각의 크기가 같음을 이용해요.

9-1 삼각형 ㄱㄴㄷ과 삼각형 ㄱㄹㅁ은 이등변삼각형입니다. 각 ㄴㄱㅁ의 크기는 몇 도인지 구해 보세요.

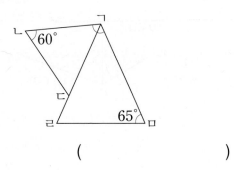

(   )

9-2 삼각형 ㄱㄴㄹ과 삼각형 ㄹㄴㄷ은 이등변삼각형입니다. ☐ 안에 알맞은 수를 써넣으세요.

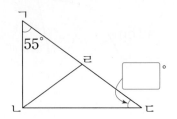

🔗 4회 17번

유형 10 이등변삼각형과 정삼각형의 변의 성질 활용하기

삼각형 ㄴㄷㄹ은 이등변삼각형이고, 삼각형 ㄱㄴㄹ은 정삼각형입니다. 변 ㄱㄷ의 길이는 몇 cm인지 구해 보세요.

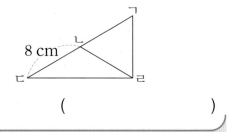

(   )

❗Tip 이등변삼각형은 두 변의 길이가 같음을 이용해요.

10-1 삼각형 ㄱㄴㄹ은 이등변삼각형이고, 삼각형 ㄹㄴㄷ은 정삼각형입니다. 변 ㄱㄷ의 길이는 몇 cm인지 구해 보세요.

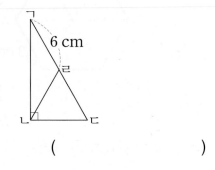

(   )

10-2 삼각형 ㄱㄴㄷ은 정삼각형입니다. 이등변삼각형 ㄱㄷㄹ의 세 변의 길이의 합이 14 cm일 때, 변 ㄱㄹ의 길이는 몇 cm인지 구해 보세요.

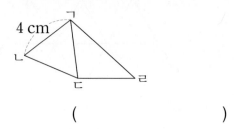

(   )

2 단원

🔗 2회 19번 🔗 4회 19번

유형 11 이등변삼각형과 정삼각형의 각의 성질 활용하기

삼각형 ㄱㄴㄷ은 정삼각형이고, 삼각형 ㄹㄴㄷ은 이등변삼각형입니다. 각 ㄱㄴㄹ의 크기는 몇 도인지 구해 보세요.

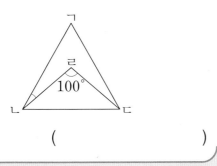

(   )

❗Tip 정삼각형은 세 각의 크기가 같고, 이등변삼각형은 길이가 같은 두 변에 있는 두 각의 크기가 같음을 이용해요.

11-1 삼각형 ㄱㄴㄷ은 정삼각형이고, 삼각형 ㄹㄴㄷ은 이등변삼각형입니다. 각 ㄱㄷㄹ의 크기는 몇 도인지 구해 보세요.

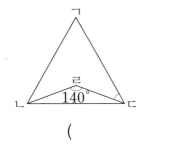

(   )

11-2 삼각형 ㄱㄴㄷ은 이등변삼각형이고, 삼각형 ㄱㄴㄹ은 정삼각형입니다. 각 ㄹㄴㄷ의 크기는 몇 도인지 구해 보세요.

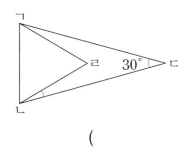

(   )

🔗 3회 19번

유형 12 정삼각형의 변의 성질 활용하기

삼각형 ㄱㄴㄷ과 삼각형 ㄹㄴㅁ은 정삼각형입니다. 삼각형 ㄱㄴㄷ의 세 변의 길이의 합이 63 cm일 때, 삼각형 ㄹㄴㅁ의 한 변의 길이는 몇 cm인지 구해 보세요.

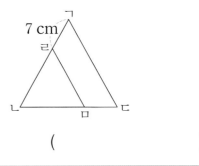

(   )

❗Tip 정삼각형은 세 변의 길이가 같다는 성질을 이용해요.

12-1 삼각형 ㄱㄷㄹ과 삼각형 ㄱㄴㅁ은 정삼각형입니다. 삼각형 ㄱㄴㅁ의 세 변의 길이의 합이 81 cm일 때, 사각형 ㄴㄷㄹㅁ의 네 변의 길이의 합은 몇 cm인지 구해 보세요.

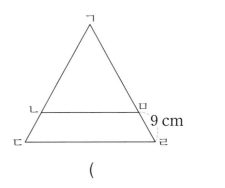

(   )

3

소수의 덧셈과 뺄셈

소수의 덧셈과 뺄셈

개념 1 소수 두 자리 수, 소수 세 자리 수

- $\dfrac{1}{100}$ ➡ 쓰기 0.01

  읽기 영 점 영일

- $\dfrac{1}{1000}$ ➡ 쓰기 0.001

  읽기 영 점 영영일

- 4.567에서

  4는 일의 자리 숫자이고 4를 나타냅니다.

  5는 소수 첫째 자리 숫자이고 0.5를 나타냅니다.

  6은 소수 둘째 자리 숫자이고 0.06을 나타냅니다.

  7은 소수 셋째 자리 숫자이고

  [   ]을/를 나타냅니다.

개념 2 소수의 크기 비교

◆ 크기가 같은 소수

0.3과 0.30은 같은 수입니다.

필요한 경우 소수의 오른쪽 끝자리에 0을 붙여서 나타낼 수 있습니다.

◆ 소수의 크기 비교

자연수 부분, 소수 첫째 자리 수, 소수 둘째 자리 수, 소수 셋째 자리 수를 순서대로 비교합니다.

예 7.23 < 7.32   1.052 > 1.041
   └ 2<3 ┘   └ 5>4 ┘

   8.956 ◯ 8.953
        └ 6>3 ┘

개념 3 소수 사이의 관계

개념 4 소수의 덧셈

소수점의 자리를 맞추어 쓰고 자연수의 덧셈과 같은 방법으로 계산한 후 소수점을 그대로 내려 찍습니다.

```
   0.3          3.1 2
 + 0.5        + 5.4 9
 [    ]         8.6 1
```

개념 5 소수의 뺄셈

소수점의 자리를 맞추어 쓰고 자연수의 뺄셈과 같은 방법으로 계산한 후 소수점을 그대로 내려 찍습니다.

```
   6 10
   7.1          1.8 4
 - 1.7        - 0.7 3
   5.4         [    ]
```

정답 ❶ 0.007 ❷ > ❸ $\dfrac{1}{10}$ ❹ 0.8 ❺ 1.11

01 전체 크기가 1인 모눈종이에 0.71을 나타 내어 보세요.

 AI가 뽑은 정답률 낮은 문제

02 숫자 8이 0.08을 나타내는 수를 찾아 써 보세요.

🔗 58쪽
유형 2

| 0.81 | 8.24 | 3.78 |

( )

03 소수를 잘못 읽은 사람은 누구인지 이름을 쓰고, 바르게 읽어 보세요.

- 민지: 0.001 ➡ 영 점 영영일
- 연우: 1.107 ➡ 일 점 백칠
- 성희: 3.454 ➡ 삼 점 사오사

(,)

AI가 뽑은 정답률 낮은 문제

04 숫자 5가 나타내는 수가 다른 하나를 찾아 기호를 써 보세요.

🔗 58쪽
유형 2

㉠ 0.145 ㉡ 2.775 ㉢ 0.659

( )

05 생략할 수 있는 0이 있는 소수를 찾아 써 보세요.

| 0.005 | 0.809 | 0.760 |

( )

06 ☐ 안에 알맞은 수를 써넣으세요.

7.23은 0.01이 ☐ 개입니다.

1.14는 0.01이 ☐ 개입니다.

따라서 7.23+1.14는 0.01이

☐ 개이므로 ☐ 입니다.

07 관계있는 것끼리 이어 보세요.

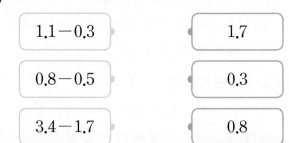

1.1-0.3		1.7
0.8-0.5		0.3
3.4-1.7		0.8

08 계산 결과를 비교하여 ◯ 안에 >, =, <를 알맞게 써넣으세요.

$$4.8-2.4 \bigcirc 3.1-0.7$$

09 빈칸에 알맞은 수를 써넣으세요.

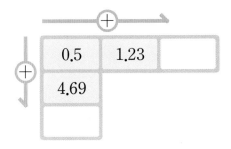

AI가 뽑은 정답률 낮은 문제

10
🔗 59쪽
유형 3
가장 큰 수와 가장 작은 수의 합을 구해 보세요.

| 0.99 | 1.18 | 2.55 | 0.19 |

( )

11 ◻ 안에 알맞은 수를 모두 더하면 얼마인지 구해 보세요.

• 0.32의 ◻배는 32입니다.

• 1.842는 1842의 $\frac{1}{◻}$입니다.

( )

12 나타내는 수가 0.19인 것을 모두 찾아 기호를 써 보세요.

㉠ 1.9의 $\frac{1}{10}$ ㉡ 190의 $\frac{1}{100}$

㉢ 1.9의 10배   ㉣ 0.019의 10배

( )

AI가 뽑은 정답률 낮은 문제

13
🔗 60쪽
유형 5
지수는 오늘 건강 주스를 오전에 0.8 L 마셨고, 오후에 0.4 L 마셨습니다. 지수가 오늘 마신 건강 주스는 모두 몇 L인지 구해 보세요.

( )

AI가 뽑은 정답률 낮은 문제

14
🔗 60쪽
유형 6
리본 5.1 m 중에서 선물을 포장하는 데 2.91 m를 사용했습니다. 남은 리본은 몇 m인지 구해 보세요.

( )

AI가 뽑은 정답률 낮은 문제

15
🔗 61쪽
유형 8
0부터 9까지의 수 중에서 ◻ 안에 들어갈 수 있는 가장 큰 수를 구해 보세요.

$$2.58>2.◻9$$

( )

3 단원

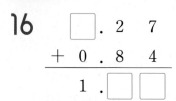 안에 알맞은 수를 써넣으세요.

16
```
    □ . 2  7
 +  0 . 8  4
 ─────────────
    1 . □  □
```

17
```
    3 . 4  □
 -  1 . 7  5
 ─────────────
    □ . □  6
```

18 설명하는 수보다 1.2만큼 더 큰 수를 구해 보세요.

$$1이 5개, \frac{1}{10}이 26개인 수$$

(   )

AI가 뽑은 정답률 낮은 문제 서술형

19 $\mathscr{O}$63쪽 유형11

수 카드 3장을 한 번씩 모두 사용하여 소수 두 자리 수를 만들려고 합니다. 만들 수 있는 가장 큰 수와 가장 작은 수의 차는 얼마인지 풀이 과정을 쓰고 답을 구해 보세요.

| 1 | 5 | 9 |

풀이 ▶

답 ▶

서술형

20 색 테이프가 3개 있습니다. 색 테이프를 이용하여 소수의 덧셈 문제를 만들고 답을 구해 보세요.

2.7 m
1.6 m
0.8 m

문제 ▶

답 ▶

🔗 58~63쪽에서 같은 유형의 문제를 더 풀 수 있어요.

01 관계있는 것끼리 이어 보세요.

| 0.123 | • | • | 영 점 영일삼 |
| 0.013 | • | • | 영 점 일이삼 |

02 분수를 소수로 나타낸 것입니다. 잘못 나타낸 것은 어느 것인가요? ( )

① $\frac{8}{100} = 0.08$ ② $\frac{42}{100} = 0.42$

③ $1\frac{1}{100} = 1.1$ ④ $3\frac{71}{100} = 3.71$

⑤ $9\frac{65}{100} = 9.65$

AI가 뽑은 정답률 낮은 문제

03 설명하는 수를 소수로 나타내어 보세요.

🔗 59쪽
유형4

1이 8개, 0.1이 7개, 0.01이 6개인 수

( )

04 가장 큰 수를 찾아 ○표 해 보세요.

| 0.789 | 1.231 | 0.904 | 1.165 |

3단원

05 2.05와 크기가 같은 수는 어느 것인가요?

( )

① 0.205   ② 2.005
③ 2.050   ④ 2.505
⑤ 22.05

06 수직선을 보고 ☐ 안에 알맞은 수를 써넣으세요.

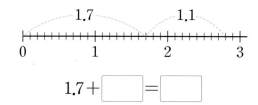

$1.7 + \boxed{} = \boxed{}$

07 ☐ 안에 알맞은 수를 써넣으세요.

$$\begin{array}{r} \boxed{}\ \boxed{} \\ 4\ .\ 3 \\ -\ 1\ .\ 7 \\ \hline \boxed{} \end{array} \Rightarrow \begin{array}{r} \boxed{}\ \boxed{} \\ 4\ .\ 3 \\ -\ 1\ .\ 7 \\ \hline \boxed{}\ .\ \boxed{} \end{array}$$

08 빈칸에 알맞은 수를 써넣으세요.

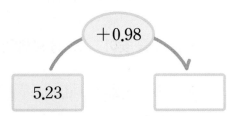

09 계산 결과가 1보다 작은 것에 ○표 해 보세요.

0.4 + 0.6	0.5 + 0.3
( )	( )

10 나타내는 수가 2.7인 것을 찾아 기호를 써 보세요.

> ㉠ 0.027의 10배
> ㉡ 2.7의 100배
> ㉢ 0.27의 10배
> ㉣ 0.27의 1000배

( )

11 수 카드 3장을 한 번씩 모두 사용하여 만들 수 있는 가장 큰 소수 두 자리 수를 구해 보세요.

( )

12 설명하는 수를 구해 보세요.

> 3.3보다 3.17만큼 더 작은 수

( )

13 ㉠이 나타내는 수는 ㉡이 나타내는 수의 몇 배인지 구해 보세요.

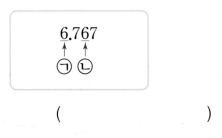

( )

AI가 뽑은 정답률 낮은 문제
14 어떤 수에서 0.99를 뺐더니 3.28이 되었습니다. 어떤 수를 구해 보세요.
🔗 **61쪽**
유형 7

( )

AI가 뽑은 정답률 낮은 문제
15 지민이가 걸은 거리의 $\frac{1}{10}$은 0.245 km입니다. 지민이가 걸은 거리는 몇 km인지 구해 보세요.
🔗 **62쪽**
유형 10

( )

16 ㉮▲㉯=㉮+㉮+㉯일 때, 다음을 계산해 보세요.

$$1.67 ▲ 0.35$$

( )

17 두 번째로 큰 수와 가장 작은 수의 합을 구해 보세요.

| 1.28 | 3.33 | 4.6 | 1.82 | 6.01 |

( )

📝서술형

18 ⬜ 안에 알맞은 수는 얼마인지 풀이 과정을 쓰고 답을 구해 보세요.

2.63 m   1.49 m

1.77 m   ⬜ m

풀이▶ _____

_____

_____

답▶ _____

19 조건을 모두 만족하는 소수 세 자리 수를 구해 보세요.

조건

㉠ 4보다 크고 5보다 작습니다.
㉡ 일의 자리 숫자와 소수 첫째 자리 숫자의 합은 6입니다.
㉢ 소수 둘째 자리 숫자는 0입니다.
㉣ 소수 셋째 자리 숫자와 소수 첫째 자리 숫자의 합은 10입니다.

( )

3 단원

 AI가 뽑은 정답률 낮은 문제   📝서술형

20 0부터 9까지의 수 중에서 ⬜ 안에 공통으로 들어갈 수 있는 수를 모두 쓰려고 합니다. 풀이 과정을 쓰고 답을 구해 보세요.

📎61쪽
유형8

• 0.⬜4 < 0.51
• 7.832 > 7.8⬜5

풀이▶ _____

_____

_____

_____

답▶ _____

점수

🔗58~63쪽에서 같은 유형의 문제를 더 풀 수 있어요.

01 전체 크기가 1인 모눈종이에 색칠된 부분의 크기를 소수로 나타내어 보세요.

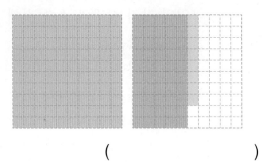

( )

02 ☐ 안에 알맞은 수나 말을 써넣으세요.

$4\frac{9}{1000}$ 를 소수로 나타내면

☐ 이고, ☐

(이)라고 읽습니다.

03 소수 셋째 자리 숫자가 가장 작은 수는 어느 것인가요? ( )

① 0.197   ② 0.426
③ 0.009   ④ 10.294
⑤ 8.238

⚡AI가 뽑은 정답률 낮은 문제

04 1.74를 수직선에 화살표(↑)로 나타내어 보세요.

🔗58쪽
유형 1

┠─────┼─────┼─────┼─────┼─────┨
1.7   1.8

05 수의 크기를 비교하여 ◯ 안에 >, =, < 를 알맞게 써넣으세요.

0.01 ◯ 0.010

06 ☐ 안에 알맞은 수를 써넣고, ◯ 안에 >, =, <를 알맞게 써넣으세요.

6.45는 0.01이 ☐ 개,

6.54는 0.01이 ☐ 개입니다.

➡ 6.45 ◯ 6.54

07 크기가 같은 소수끼리 짝지은 것은 어느 것인가요? ( )

① 3, 0.3   ② 0.04, 0.004
③ 13.9, 13.09   ④ 72.6, 72.66
⑤ 20.8, 20.80

⚡AI가 뽑은 정답률 낮은 문제

08 1이 8개, 0.1이 4개, 0.01이 6개, 0.001이 1개인 수를 10배 한 수를 소수로 나타내어 보세요.

🔗59쪽
유형 4

( )

09~10 계산해 보세요.

09 $6.6 + 3.7$

10 $0.75 + 2.5$

11 잘못 계산한 곳을 찾아 바르게 계산해 보세요.

$$\begin{array}{r} 2.0\ 8 \\ -\quad 1.\ 4 \\ \hline 1.9\ 4 \end{array}$$ ➡

12 빈칸에 알맞은 수를 써넣으세요.

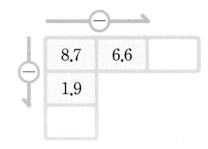

13 ☐ 안에 알맞은 수가 다른 하나는 어느 것인가요? (　　　)

① 0.1은 10의 ☐입니다.
② 0.04는 4의 ☐입니다.
③ 2.91은 291의 ☐입니다.
④ 0.073은 7.3의 ☐입니다.
⑤ 0.856은 856의 ☐입니다.

3 단원

14 계산을 바르게 한 것의 기호를 써 보세요.

> ㉠ $7.51 - 2.43 = 5.18$
> ㉡ $6.92 - 2.91 = 4.01$

(　　　　　)

15 은설이는 털실 5.5 m를 가지고 있었는데 친구에게 털실 1.2 m를 받고, 학교에서 3.6 m를 사용했습니다. 은설이가 지금 가지고 있는 털실은 몇 m인지 구해 보세요.

(　　　　　)

16 계산 결과가 큰 것부터 차례대로 1, 2, 3을 써넣으세요.

| 1.2+3.57 | 2.44+2.16 | 0.87+4.1 |

(   ) (   ) (   )

AI가 뽑은 정답률 낮은 문제

17 수 카드 4장을 한 번씩 모두 사용하여 소수 두 자리 수를 만들려고 합니다. 만들 수 있는 가장 큰 수와 가장 작은 수의 합을 구해 보세요.

🔗 63쪽
유형 11

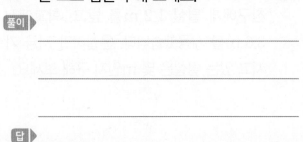

(   )

AI가 뽑은 정답률 낮은 문제   서술형

18 어떤 수에 2.6을 더해야 할 것을 잘못하여 어떤 수에서 2.6을 뺐더니 10.4가 되었습니다. 바르게 계산하면 얼마인지 풀이 과정을 쓰고 답을 구해 보세요.

🔗 62쪽
유형 9

풀이 ▶ _____

_____

_____

답 ▶ _____

서술형

19 선우, 도진, 미수는 운동장에서 100 m 달리기를 하고 있습니다. 미수가 달린 거리는 몇 km인지 풀이 과정을 쓰고 답을 소수로 나타내어 보세요.

> • 선우는 도착 지점을 0.033 km 앞에 두고 있습니다.
> • 도진이는 선우보다 17 m 앞에 있습니다.
> • 미수는 도진이보다 25 m 뒤에 있습니다.

풀이 ▶ _____

_____

_____

답 ▶ _____

20 ㉠에서 ㉣까지의 거리는 몇 km인지 구해 보세요.

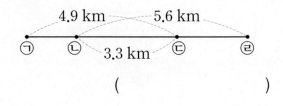

(   )

01 ⬜ 안에 알맞은 수나 말을 써넣으세요.

$\frac{4}{100}$ 를 소수로 나타내면 ⬜ 이고, ⬜ (이)라고 읽습니다.

02 소수 4.79를 보고 빈칸에 알맞은 수를 써넣으세요.

	일의 자리	소수 첫째 자리	소수 둘째 자리
숫자	4		9
나타내는 수		0.7	

03 3.75에 대해 바르게 설명한 사람은 누구인지 이름을 써 보세요.

- 규민: 0.01이 7개인 수야.
- 혜수: 7은 0.7을 나타내.
- 준호: 소수 둘째 자리 숫자는 3이야.

( )

04 ⬜ 안에 알맞은 소수를 써넣으세요.

📎58쪽
유형 1

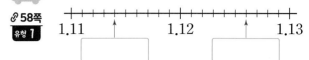

05 설명하는 수가 얼마인지 구해 보세요.

📎59쪽
유형 4

0.1이 43개, 0.001이 579개인 수

( )

06 ⬜ 안에 알맞은 수를 써넣으세요.

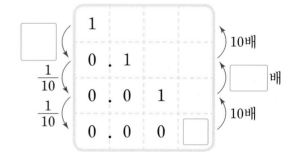

07 소수에서 생략할 수 있는 0을 찾아 **보기**와 같이 나타내어 보세요.

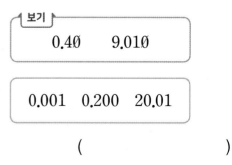

( )

08 더 작은 수의 기호를 써 보세요.

> ㉠ 0.001이 3480개인 수
> ㉡ 0.01이 357개인 수

(   )

09 ☐ 안에 알맞은 수를 써넣으세요.

$$1.56 + \boxed{} = 3.41$$

$$3.41 - 1.56 = \boxed{}$$

10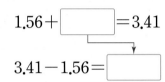

잘못 계산한 곳을 찾아 이유를 쓰고, 바르게 계산해 보세요.

$$\begin{array}{r} 2.7 \\ + 3.5 \\ \hline 5.2 \end{array}$$ ➡

이유 ▶

_____

_____

_____

11 계산 결과를 비교하여 ◯ 안에 >, =, < 를 알맞게 써넣으세요.

$$1.38 + 7.9 \bigcirc 3.6 + 5.59$$

⚡ AI가 뽑은 정답률 낮은 **문제**

12 무게가 0.4 kg인 토마토를 무게가 0.19 kg
🔗 60쪽
유형5 인 접시에 담았습니다. 토마토를 담은 접시의 무게는 몇 kg인지 구해 보세요.

(   )

13 가로로 적힌 두 수를 더하여 1이 되도록 빈 칸에 알맞은 수를 써넣으세요.

1	
0.34	
	0.81

14 두 수의 합을 구해 보세요.

> • 0.1이 31개인 수
> • 0.01이 96개인 수

(   )

56

15 수진이 가방의 무게는 2.48 kg이고, 서영이 가방의 무게는 2310 g입니다. 누구의 가방이 몇 kg 더 가벼운지 차례대로 써 보세요.

⊘60쪽 유형 6

(,   )

16 어떤 수의 $\frac{1}{100}$은 1.84입니다. 어떤 수를 구해 보세요.

⊘62쪽 유형10

(   )

17 수 카드 4장을 한 번씩 모두 사용하여 만들 수 있는 소수 세 자리 수 중에서 1.582보다 작은 수는 모두 몇 개인지 구해 보세요.

| 1 | 2 | 5 | 8 |

(   )

18 ☐ 안에 들어갈 수 있는 가장 큰 소수 한 자리 수를 구해 보세요.

⊘63쪽 유형12

$$0.6 < 1.5 - ☐$$

(   )

19 ㉠★㉡=㉠−㉡−㉡일 때, 다음을 계산해 보세요.

$$4.71★0.99$$

(   )

서술형

20 그림과 같이 길이가 9.16 cm인 색 테이프 3장을 2.45 cm씩 겹치게 이어 붙였습니다. 이어 붙여 만든 색 테이프의 전체 길이는 몇 cm인지 풀이 과정을 쓰고 답을 구해 보세요.

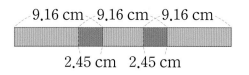

9.16 cm 9.16 cm 9.16 cm

2.45 cm   2.45 cm

풀이▶

답▶

∂ 3회 4번 ∂ 4회 4번

유형 1 수직선에서 나타내는 소수 찾기

수직선에서 ㉠과 ㉡이 나타내는 소수를 각각 써 보세요.

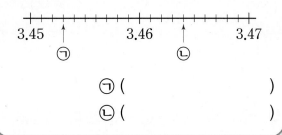

㉠ (   )

㉡ (   )

❶ Tip 작은 눈금 한 칸이 나타내는 수는 0.001이에요.

1-1 수직선에서 ㉠과 ㉡이 나타내는 소수의 합을 구해 보세요.

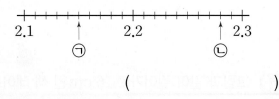

(   )

1-2 수직선에서 ㉠과 ㉡이 나타내는 소수를 각각 써 보세요.

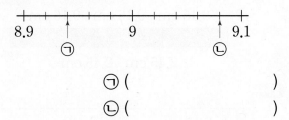

㉠ (   )

㉡ (   )

1-3 수직선에서 ㉠과 ㉡이 나타내는 소수의 차를 구해 보세요.

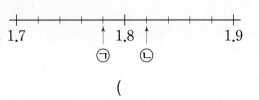

(   )

∂ 1회 2, 4번

유형 2 자리 숫자가 나타내는 수 구하기

숫자 3이 나타내는 수가 가장 큰 수를 찾아 기호를 써 보세요.

| ㉠ 7.37 | ㉡ 5.03 | ㉢ 23.46 |

(   )

❶ Tip 일의 자리 숫자 3이 나타내는 수는 3, 소수 첫째 자리 숫자 3이 나타내는 수는 0.3, 소수 둘째 자리 숫자 3이 나타내는 수는 0.03이에요.

2-1 숫자 9가 나타내는 수가 0.09인 수를 모두 찾아 써 보세요.

| 9.11 | 0.19 | 3.98 | 5.79 |

(   )

2-2 숫자 5가 나타내는 수가 가장 작은 수를 찾아 써 보세요.

| 0.54 | 5.1 | 0.125 |

(   )

2-3 숫자 1이 나타내는 수가 큰 것부터 차례대로 기호를 써 보세요.

| ㉠ 1.249 | ㉡ 2.541 |
| ㉢ 0.138 | ㉣ 9.217 |

(   )

🔗 1회 10번

유형 3 **가장 큰 수와 가장 작은 수를 찾아 계산하기**

가장 큰 수와 가장 작은 수의 합을 구해 보세요.

1.21	2.78	2.16

(   )

❶Tip 소수의 크기를 비교할 때에는 자연수 부분을 먼저 비교해요. 자연수 부분이 같으면 소수 첫째 자리 수를 비교해요.

3-1 가장 큰 수와 가장 작은 수의 차는 얼마인가요?   (   )

16.8	1.12	14.6

① 0.34   ② 2.2   ③ 5.6
④ 13.48   ⑤ 15.68

3-2 가장 큰 수와 가장 작은 수의 합을 구해 보세요.

8.71	10.32	7.38	4.83

(   )

3-3 가장 큰 수와 가장 작은 수의 합에서 나머지 수를 뺀 값을 구해 보세요.

5.8	4.21	11.3

(   )

🔗 2회 3번 🔗 3회 8번 🔗 4회 5번

유형 4 **설명하는 수를 소수로 나타내기**

1이 3개, 0.1이 2개, 0.01이 5개, 0.001이 9개인 수를 소수로 나타내어 보세요.

(   )

❶Tip 1이 3개이면 3, 0.1이 2개이면 0.2, 0.01이 5개이면 0.05, 0.001이 9개이면 0.009예요.

4-1 1이 10개, 0.1이 71개, 0.01이 24개인 수를 소수로 나타내어 보세요.

(   )

4-2 1이 4개, 0.1이 6개, 0.01이 12개, 0.001이 11개인 수의 소수 둘째 자리 숫자를 구해 보세요.

(   )

4-3 10이 8개, 1이 5개, 0.1이 2개, 0.01이 99개인 수의 $\frac{1}{10}$인 수를 소수로 나타내어 보세요.

(   )

3
단원

🔗 1회 13번 🔗 4회 12번

유형 5 **소수의 덧셈 활용**

채린이네 집에서 도서관까지의 거리는 1.34 km이고, 도서관에서 병원까지의 거리는 1.78 km입니다. 채린이네 집에서 도서관을 지나 병원까지의 거리는 모두 몇 km인지 구해 보세요.

(   )

❶ **Tip** (채린이네 집에서 도서관을 지나 병원까지의 거리)
　＝(채린이네 집에서 도서관까지의 거리)
　　＋(도서관에서 병원까지의 거리)

5-1 다은이네 집에서 학교까지의 거리는 1.2 km이고, 학교에서 놀이터까지의 거리는 2.1 km입니다. 다은이네 집에서 학교를 지나 놀이터까지의 거리는 모두 몇 km인지 구해 보세요.

(   )

5-2 파인애플이 들어 있는 상자의 무게가 4.5 kg이고, 배가 들어 있는 상자의 무게가 6.88 kg입니다. 파인애플이 들어 있는 상자와 배가 들어 있는 상자의 무게의 합은 모두 몇 kg인지 구해 보세요.

(   )

5-3 진혁이는 1.9 km를 달렸고, 민지는 0.6 km 거리를 2번 달렸습니다. 진혁이와 민지가 달린 거리는 모두 몇 km인지 구해 보세요.

(   )

🔗 1회 14번 🔗 4회 15번

유형 6 **소수의 뺄셈 활용**

공을 은찬이는 16.6 m 던졌고, 선영이는 11.3 m 던졌습니다. 누가 공을 몇 m 더 멀리 던졌는지 차례대로 써 보세요.

(,   )

❶ **Tip** 큰 수에서 작은 수를 빼요.

6-1 우유를 정민이는 0.43 L 마셨고, 도준이는 0.51 L 마셨습니다. 누가 우유를 몇 L 더 많이 마셨는지 차례대로 써 보세요.

(,   )

6-2 이수가 가지고 있는 끈은 5.5 m이고, 희주가 가지고 있는 끈은 이수가 가지고 있는 끈보다 120 cm 더 짧습니다. 희주가 가지고 있는 끈은 몇 m인지 구해 보세요.

(   )

6-3 재민이는 가지고 있던 실 3 m 중에서 191 cm를 잘라서 사용했습니다. 남은 실은 몇 m인지 구해 보세요.

(   )

🔗 2회 14번

유형 7 어떤 수 구하기

어떤 수에서 1.62를 뺐더니 10.87이 되었습니다. 어떤 수를 구해 보세요.

(   )

❶Tip (어떤 수)−1.62=10.87
➡ (어떤 수)=10.87+1.62

7-1 ☐ 안에 알맞은 수를 구해 보세요.

☐+21.34=45.89

(   )

7-2 어떤 수에 20.3을 더했더니 25.4가 되었습니다. 어떤 수를 구해 보세요.

(   )

7-3 어떤 수에서 3.45를 뺐더니 7.88이 되었습니다. 어떤 수에 1.11을 더하면 얼마인지 구해 보세요.

(   )

🔗 1회 15번 🔗 2회 20번

유형 8 두 소수의 크기 비교에서 ☐ 안에 들어갈 수 있는 수 구하기

0부터 9까지의 수 중에서 ☐ 안에 들어갈 수 있는 수를 모두 구해 보세요.

0.4☐7<0.439

(   )

❶Tip 자연수 부분과 소수 첫째 자리 수가 같으므로 소수 둘째 자리 수를 비교해요.

8-1 0부터 9까지의 수 중에서 ☐ 안에 들어갈 수 있는 수를 모두 구해 보세요.

7.☐1>7.72

(   )

8-2 ☐ 안에 들어갈 수 있는 수를 모두 찾아 ○표 해 보세요.

14.365<14.☐56

(1 , 2 , 3 , 4 , 5 , 6)

8-3 0부터 9까지의 수 중에서 ☐ 안에 들어갈 수 있는 수는 모두 몇 개인지 구해 보세요.

9.44>9.4☐7

(   )

3
단원

🔗 3회 18번

유형 9 바르게 계산한 값 구하기

어떤 수에 8.13을 더해야 할 것을 잘못하여 어떤 수에서 8.13을 뺐더니 12.12가 되었습니다. 바르게 계산하면 얼마인지 구해 보세요.

(   )

> ❶Tip (어떤 수)−8.13=12.12에서 어떤 수를 구한 후 (어떤 수)+8.13으로 바르게 계산한 값을 구해요.

9-1 어떤 수에서 25.5를 빼야 할 것을 잘못하여 어떤 수에 25.5를 더했더니 55.9가 되었습니다. 바르게 계산하면 얼마인가요?

(   )

① 4.9   ② 25.5   ③ 55.9
④ 60.8   ⑤ 86.3

9-2 어떤 수에서 24.56을 빼야 할 것을 잘못하여 어떤 수에 24.56을 더했더니 71.67이 되었습니다. 바르게 계산하면 얼마인지 구해 보세요.

(   )

9-3 9.5에 어떤 수를 더해야 할 것을 잘못하여 9.5에서 어떤 수를 뺐더니 1.6이 되었습니다. 바르게 계산하면 얼마인지 구해 보세요.

(   )

🔗 2회 15번 🔗 4회 16번

유형 10 소수 사이의 관계를 이용하여 처음 수 구하기

동연이가 마신 우유 양의 $\frac{1}{100}$은 2.71 mL 입니다. 동연이가 마신 우유는 몇 mL인지 구해 보세요.

(   )

> ❶Tip
>
> $\frac{1}{100}$ ⟶ 동연이가 마신 우유 양 ⟶ 100배
>   2.71 mL

10-1 지수가 걸은 거리를 100배 하였더니 31.6 km였습니다. 지수가 걸은 거리는 몇 km인지 구해 보세요.

(   )

10-2 수민이가 사용한 리본 길이의 $\frac{1}{10}$은 1.234 m입니다. 수민이가 사용한 리본은 몇 m인지 구해 보세요.

(   )

10-3 어떤 수의 $\frac{1}{100}$은 58.94입니다. 어떤 수를 구해 보세요.

(   )

유형 11 수 카드를 이용하여 합 또는 차 구하기

수 카드 3장을 한 번씩 모두 사용하여 소수 두 자리 수를 만들려고 합니다. 만들 수 있는 가장 큰 수와 가장 작은 수의 합을 구해 보세요.

$\boxed{1}$ $\boxed{2}$ $\boxed{3}$

(   )

❶Tip 수 카드가 3장이므로 자연수 부분은 한 자리 수예요.

11 -1 수 카드 3장을 한 번씩 모두 사용하여 소수 한 자리 수를 만들려고 합니다. 만들 수 있는 가장 큰 수와 가장 작은 수를 쓰고, 두 수의 차를 구해 보세요.

$\boxed{4}$ $\boxed{6}$ $\boxed{7}$

가장 큰 수 (   )
가장 작은 수 (   )
두 수의 차 (   )

11 -2 수 카드 4장을 한 번씩 모두 사용하여 소수 첫째 자리 숫자가 0인 소수 두 자리 수를 만들려고 합니다. 만들 수 있는 두 번째로 큰 수와 두 번째로 작은 수의 합을 구해 보세요.

$\boxed{0}$ $\boxed{1}$ $\boxed{5}$ $\boxed{9}$

(   )

유형 12 ☐ 안에 들어갈 수 있는 수 구하기

☐ 안에 들어갈 수 있는 가장 큰 소수 한 자리 수를 구해 보세요.

$23.5 > \boxed{} + 10.3$

(   )

❶Tip $23.5 = \boxed{} + 10.3$일 때, $\boxed{} = 23.5 - 10.3$이므로 $23.5 > \boxed{} + 10.3$을 만족하는 $\boxed{}$는 $23.5 - 10.3$보다 작은 수예요.

12 -1 ☐ 안에 들어갈 수 있는 가장 작은 소수 두 자리 수를 구해 보세요.

$11.24 < \boxed{} - 7.06$

(   )

12 -2 0부터 9까지의 수 중에서 ☐ 안에 들어갈 수 있는 가장 작은 수를 구해 보세요.

$8.\boxed{}5 - 8.32 > 0.23$

(   )

12 -3 0부터 9까지의 수 중에서 ☐ 안에 들어갈 수 있는 수는 모두 몇 개인지 구해 보세요.

$7.9 - 6.\boxed{}6 < 1.64$

(   )

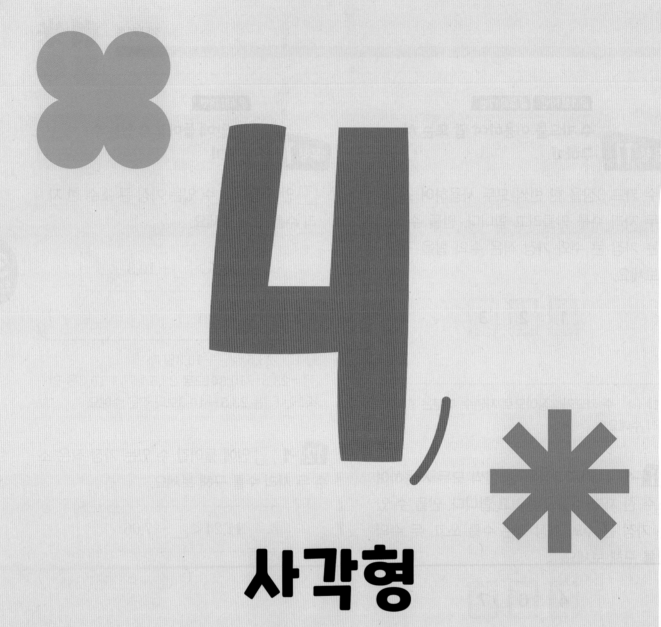

4

사각형

개념 1 수직과 수선

◆ **수직**

두 직선이 만나서 이루는 각이
(예각 , 직각 , 둔각)일 때, 두 직선은 서로
수직이라고 합니다.

◆ **수선**

두 직선이 서로 수직으로 만나면 한 직선을
다른 직선에 대한 수선이라고 합니다.

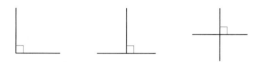

개념 2 평행과 평행선

◆ **평행**

한 직선에 [   ]인 두 직선을 그었을 때,
그 두 직선은 서로 만나지 않습니다. 이와 같
이 서로 만나지 않는 두 직선을 평행하다고 합
니다.

◆ **평행선**

평행한 두 직선을 평행선이라고 합니다.

평행선

개념 3 평행선 사이의 거리

평행선의 한 직선에서 다른 직선에 그은
[   ]인 선분의 길이를 평행선 사이의 거리
라고 합니다.

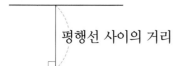
평행선 사이의 거리

개념 4 사다리꼴

평행한 변이 (한 , 두) 쌍이라도 있는 사각형
을 사다리꼴이라고 합니다.

평행

개념 5 평행사변형

마주 보는 (한 , 두) 쌍의 변이 서로 평행한
사각형을 평행사변형이라고 합니다.

평행

개념 6 마름모

네 변의 길이가 모두 (같은 , 다른) 사각형을
마름모라고 합니다.

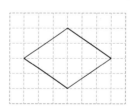

개념 7 여러 가지 사각형

◆ **직사각형**

• 마주 보는 두 변의 길이가 같습니다.
• 네 각이 모두 [   ]입니다.

◆ **정사각형**

• 네 변의 길이가 모두 같습니다.
• 네 각이 모두 직각입니다.

정답 ❶ 직각 ❷ 수직 ❸ 수직 ❹ 한 ❺ 두 ❻ 같은 ❼ 직각

01 직선 가에 수직인 직선을 찾아 써 보세요.

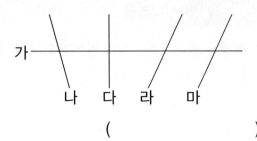

( )

02 직사각형에서 서로 평행한 변을 모두 찾아 써 보세요.

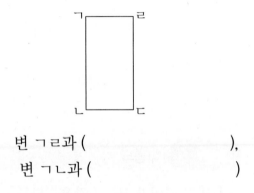

변 ㄱㄹ과 ( ),

변 ㄱㄴ과 ( )

03~04 사각형을 보고 물음에 답해 보세요.

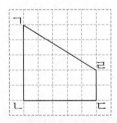

03 서로 평행한 변을 써 보세요.

( )와/과 ( )

04 위와 같은 사각형을 무엇이라고 하는지 써 보세요.

( )

05 직선 가와 직선 나는 평행합니다. 평행선 사이의 거리는 몇 cm인지 구해 보세요.

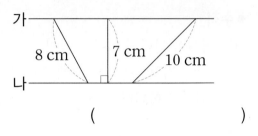

( )

06 마름모는 모두 몇 개인지 구해 보세요.

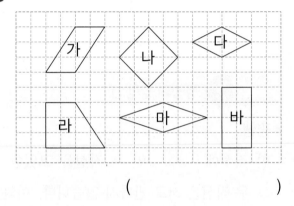

( )

07 각도기를 이용하여 직선 가에 수직인 직선을 그으려고 합니다. 순서에 맞게 ☐ 안에 기호를 써넣으세요.

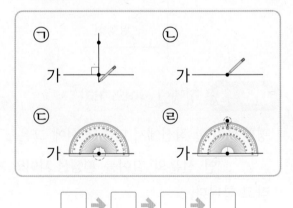

☐ ➡ ☐ ➡ ☐ ➡ ☐

08~10 직사각형 모양의 종이띠를 선을 따라 잘랐습니다. 물음에 답해 보세요.

| 가 | 나 | 다 | 라 | 마 |

08 사다리꼴을 모두 찾아 써 보세요.

( )

09 평행사변형을 모두 찾아 써 보세요.

( )

10 직사각형을 모두 찾아 써 보세요.

( )

AI가 뽑은 정답률 낮은 문제

11 점 종이에서 사각형 ㄱㄴㄷㄹ의 점 ㄱ을 옮겨서 사다리꼴을 만들려고 합니다. 점 ㄱ을 어느 점으로 옮겨야 할까요? ( )

78쪽 유형1

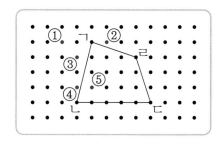

AI가 뽑은 정답률 낮은 문제

12 도형에서 평행선은 모두 몇 쌍인지 구해 보세요.

79쪽 유형3

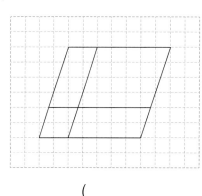

( )

13 평행사변형에 대해 잘못 설명한 것을 찾아 기호를 써 보세요.

> ㉠ 마주 보는 두 변의 길이가 같습니다.
> ㉡ 마주 보는 두 각의 크기가 같습니다.
> ㉢ 사다리꼴입니다.
> ㉣ 이웃하는 두 각의 크기는 항상 같습니다.

( )

14 평행사변형의 네 변의 길이의 합은 몇 cm 인가요? ( )

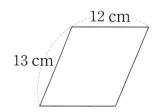

① 25 cm   ② 26 cm   ③ 48 cm
④ 50 cm   ⑤ 52 cm

4 단원

15 사각형 ㄱㄴㄷㄹ은 마름모입니다. 각 ㄷㄱㄹ의 크기는 몇 도인지 구해 보세요.

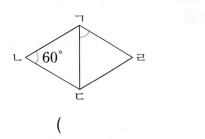

(   )

16 🖊️서술형
📎81쪽
유형7
직선 가, 직선 나, 직선 다, 직선 라는 서로 평행합니다. 직선 나와 직선 다 사이의 거리는 몇 cm인지 풀이 과정을 쓰고 답을 구해 보세요.

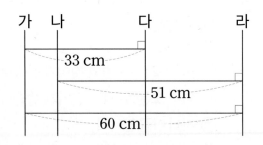

풀이 ▶
_____
_____
_____

답 ▶
_____

17 다음 정사각형을 선을 따라 자르면 크기가 같은 직사각형 3개로 나누어집니다. 작은 직사각형 한 개의 네 변의 길이의 합이 40 cm일 때 처음 정사각형의 한 변의 길이는 몇 cm인지 구해 보세요.

(   )

18 📎81쪽
유형8
크기가 같은 정삼각형을 이어 붙여 만든 다음 도형에서 찾을 수 있는 크고 작은 마름모는 모두 몇 개인지 구해 보세요.

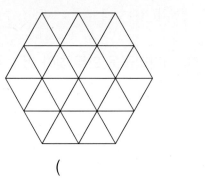

(   )

19 선분 ㄱㅁ과 선분 ㄷㅁ, 선분 ㄴㅁ과 선분 ㄹㅁ은 각각 서로 수직입니다. 각 ㄱㅁㄹ이 125°일 때 각 ㄴㅁㄷ의 크기는 몇 도인지 구해 보세요.

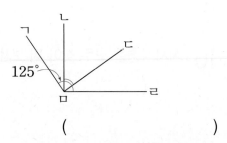

(   )

20 🖊️서술형
📎82쪽
유형10
사각형 ㄱㄴㄷㄹ은 평행사변형이고, 사각형 ㄹㄷㅁㅂ은 마름모입니다. 각 ㄱㄹㅂ의 크기는 몇 도인지 풀이 과정을 쓰고 답을 구해 보세요.

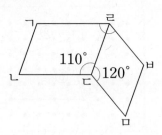

풀이 ▶
_____
_____

답 ▶
_____

01 삼각자를 이용하여 직선 가에 대한 수선을 바르게 그은 것을 찾아 기호를 써 보세요.

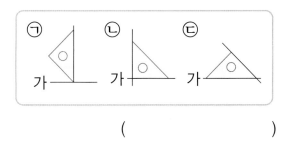

(   )

02 사다리꼴을 모두 찾아 써 보세요.

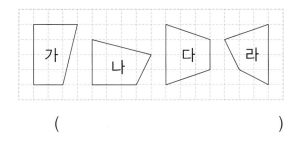

(   )

03 직선 가와 평행한 직선을 몇 개 그을 수 있나요? (   )

가 —————————

① 1개   ② 2개   ③ 3개
④ 0개   ⑤ 셀 수 없이 많습니다.

04 다음은 직사각형입니다. ☐ 안에 알맞은 수를 써넣으세요.

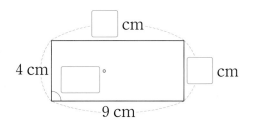

05 서로 수직인 변이 있는 도형을 모두 찾아 써 보세요.

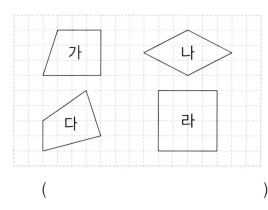

(   )

06 사각형 ㄱㄴㄷㄹ에 대해 잘못 설명한 것을 찾아 기호를 써 보세요.

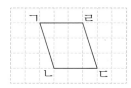

┌─────────────────────────┐
│ ㉠ 변 ㄱㄹ과 변 ㄱㄴ은 서로 평행합 │
│   니다. │
│ ㉡ 서로 평행한 변은 2쌍입니다. │
│ ㉢ 사각형 ㄱㄴㄷㄹ은 평행사변형입 │
│   니다. │
│ ㉣ 각 ㄱㄴㄷ과 각 ㄱㄹㄷ은 크기가 │
│   같습니다. │
└─────────────────────────┘

(   )

07 직선 나는 직선 가에 대한 수선입니다. ☐ 안에 알맞은 수를 써넣으세요.

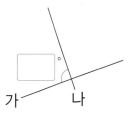

4 단원

08 사다리꼴에 대해 바르게 설명한 사람은 누구인지 이름을 써 보세요.

> • 주현: 마주 보는 한 쌍의 각의 크기는 항상 같아.
> • 영수: 평행한 변이 있어.
> • 태희: 이웃하는 두 각의 크기의 합은 항상 90°야.

(   )

09   ∅79쪽 유형3

AI가 뽑은 정답률 낮은 문제

평행선이 가장 많은 도형을 찾아 기호를 써 보세요.

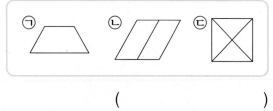

(   )

10 사각형 ㄱㄴㄷㄹ은 평행사변형입니다. 각 ㄱㄴㅁ의 크기는 몇 도인지 구해 보세요.

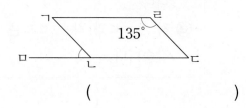

(   )

11 길이가 64 cm인 철사를 겹치지 않게 모두 사용하여 마름모를 한 개 만들었습니다. 만든 마름모의 한 변의 길이는 몇 cm인지 구해 보세요.

(   )

✏️서술형

12 다음 도형은 정사각형인가요? 그렇게 생각한 이유를 써 보세요.

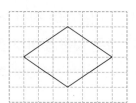

답 ▶

_____

_____

_____

13   ∅78쪽 유형1

AI가 뽑은 정답률 낮은 문제

다음 사각형의 일부를 한 번만 잘라 내어 사다리꼴을 만들려고 합니다. 사각형의 한 꼭짓점을 지나는 직선으로 자른다면 사다리꼴을 만들 수 있는 방법은 모두 몇 가지인지 구해 보세요.

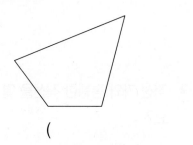

(   )

14   ∅81쪽 유형7

AI가 뽑은 정답률 낮은 문제

네 직선 가, 나, 다, 라는 서로 평행합니다. 직선 가와 직선 다 사이의 거리가 8 cm일 때 직선 나와 직선 라 사이의 거리는 몇 cm인지 구해 보세요.

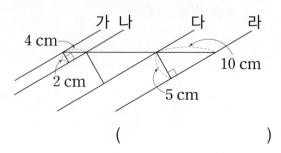

(   )

📝 서술형

15 모양과 크기가 같은 마름모 모양의 종이 4장을 겹치지 않게 이어 붙여서 만든 사각형입니다. 만든 사각형의 네 변의 길이의 합은 몇 cm인지 풀이 과정을 쓰고 답을 구해 보세요.

🔗 78쪽
유형 2

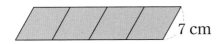

7 cm

풀이 ▶
_____
_____
_____

답 ▶
_____

16 도형에서 변 ㄱㅇ과 변 ㅂㅅ은 서로 평행합니다. 변 ㄱㅇ과 변 ㅂㅅ 사이의 거리는 몇 cm인지 구해 보세요.

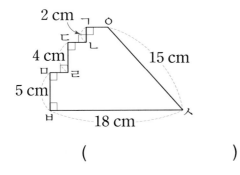

2 cm
4 cm
5 cm
15 cm
18 cm

( )

17 길이가 다음과 같은 막대 4개를 변으로 하여 만들 수 있는 사각형의 이름을 **보기**에서 모두 찾으면 몇 개인지 구해 보세요.

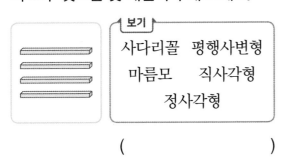

보기
사다리꼴 평행사변형
마름모   직사각형
정사각형

( )

18 그림과 같이 크기가 다른 직사각형 모양의 종이띠 2장을 겹쳤습니다. ㉠의 각도는 몇 도인지 구해 보세요.

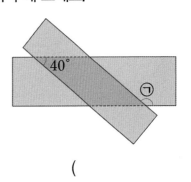

40°
㉠

( )

19 끈을 겹치는 부분 없이 모두 사용하여 한 변의 길이가 10 cm인 마름모를 만들었습니다. 이 끈으로 다시 겹치는 부분 없이 모두 사용하여 긴 변이 짧은 변보다 6 cm 더 긴 평행사변형을 만든다면 긴 변의 길이는 몇 cm인지 구해 보세요.

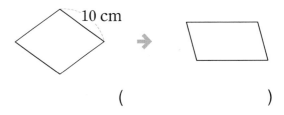

10 cm

( )

20 그림과 같이 직사각형 모양의 종이를 접었을 때 ㉠의 각도는 몇 도인지 구해 보세요.

🔗 82쪽
유형 9

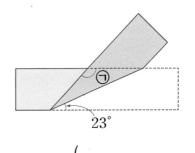

㉠
23°

( )

01 두 직선이 서로 수직인 것은 어느 것인가요? (   )

02 직선 가와 직선 나는 서로 평행합니다. 평행선 사이의 거리를 나타내는 것은 어느 것인가요? (   )

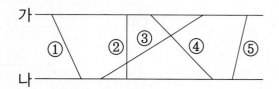

03~04 다음은 마름모입니다. ☐ 안에 알맞은 수를 써넣으세요.

03
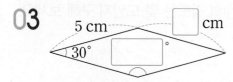

04
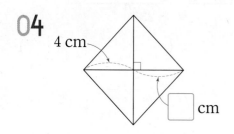

05 직선 다와 평행한 직선을 모두 찾아 써 보세요.

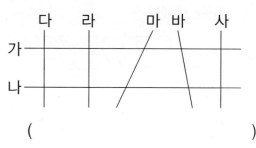

(   )

06 평행사변형은 모두 몇 개인지 구해 보세요.

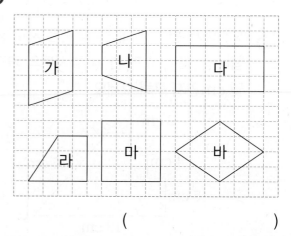

(   )

07 직사각형과 정사각형을 모두 찾아 써 보세요.

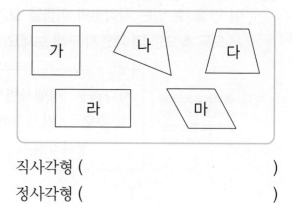

직사각형 (   )
정사각형 (   )

08 다음과 같이 직사각형 모양의 종이를 접어서 자른 후 빗금 친 부분을 펼쳤을 때, 만들어지는 사각형의 이름을 찾아 기호를 써 보세요.

┌─────────────────────────────────┐
│ ㉠ 직사각형   ㉡ 정사각형   │
│ ㉢ 사다리꼴   ㉣ 마름모   │
└─────────────────────────────────┘

( )

09 선분 ㄴㅁ이 선분 ㄱㄹ에 대한 수선일 때, ㉠의 각도는 몇 도인지 구해 보세요.

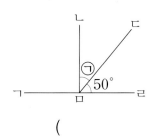

( )

10 직사각형 모양의 종이띠를 선을 따라 잘랐을 때 잘라 낸 도형 중 사다리꼴은 모두 몇 개인지 구해 보세요.

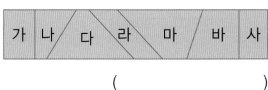

( )

⚡ AI가 **뽑은** 정답률 낮은 **문제**

11 오른쪽 도형에서 찾을 수 있는 평행선은 모두 몇 쌍인지 구해 보세요.

🔗 79쪽
유형3

( )

12 정사각형에 대한 설명 중 틀린 것은 어느 것인가요? ( )

① 마주 보는 두 쌍의 변이 서로 평행합니다.

② 네 변의 길이가 모두 같습니다.

③ 이웃하는 두 각의 크기의 합이 $180°$입니다.

④ 네 각의 크기가 모두 같지는 않습니다.

⑤ 마주 보는 꼭짓점을 이은 두 선분은 서로를 이등분합니다.

13 도형에서 가장 먼 평행선 사이의 거리는 몇 cm인지 구해 보세요.

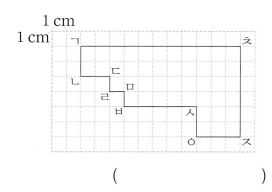

( )

✏️ 서술형

14 사각형 ㄱㄴㄷㄹ은 마름모입니다. 각 ㄴㄷㄹ의 크기는 몇 도인지 풀이 과정을 쓰고 답을 구해 보세요.

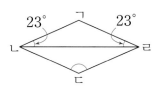

풀이 ▶
_____

_____

_____

답 ▶
_____

15 수경이는 철사 45 cm를 가지고 있습니다. 이 철사를 겹치지 않게 사용하여 긴 변의 길이가 12 cm이고, 짧은 변의 길이가 7 cm인 평행사변형을 한 개 만들었습니다. 남은 철사의 길이는 몇 cm인지 풀이 과정을 쓰고 답을 구해 보세요.

풀이 ▶
_____
_____
_____

답 ▶
_____

16 직사각형 ㄱㄴㄷㄹ의 네 변의 길이의 합은 80 cm입니다. 변 ㄱㄴ의 길이는 몇 cm 인지 구해 보세요.

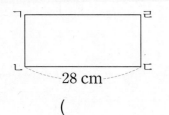

28 cm

(   )

17 변 ㄱㄴ과 변 ㄱㄷ의 길이가 같은 이등변삼각형 ㄱㄴㄷ과 평행사변형 ㄱㄷㄹㅁ을 겹치지 않게 이어 붙인 것입니다. 사각형 ㄱㄴㄹㅁ의 네 변의 길이의 합은 몇 cm 인지 구해 보세요.

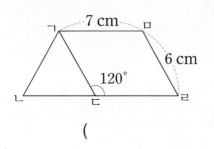

7 cm

6 cm

120°

(   )

18 사다리꼴 ㄱㄴㄷㄹ에서 각 ㄱㄴㄷ의 크기는 몇 도인지 구해 보세요.

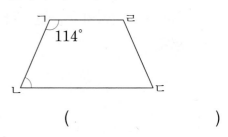

114°

(   )

AI가 뽑은 정답률 낮은 문제
19 선분 ㅁㅂ은 선분 ㄱㄷ에 대한 수선일 때
🔗80쪽 ㉠과 ㉡의 각도의 차는 몇 도인지 구해 보
유형 5 세요.

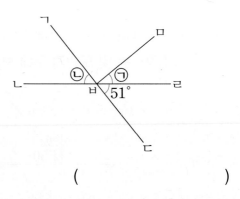

51°

(   )

AI가 뽑은 정답률 낮은 문제
20 직선 가 위에 사각형을 그렸습니다. 사각형
🔗83쪽 ㄱㄴㄷㄹ은 사다리꼴이고 사각형 ㅅㄷㅁㅂ
유형 11 은 평행사변형일 때, 각 ㄱㄹㄷ의 크기는 몇 도인지 구해 보세요.

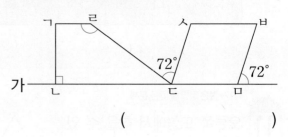

72°   72°

가

(   )

4 단원

01 두 직선이 서로 평행한 것을 찾아 ○표 해 보세요.

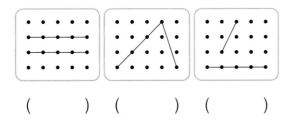

(   )   (   )   (   )

02 사다리꼴이 아닌 것을 찾아 ✕표 해 보세요.

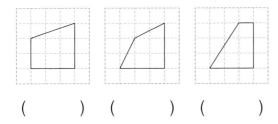

(   )   (   )   (   )

03 삼각자를 이용하여 평행선을 바르게 그은 것을 찾아 기호를 써 보세요.

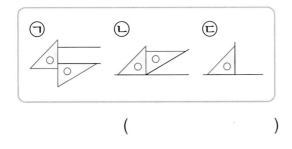

(   )

04 각도기를 이용하여 직선 가에 수직인 직선을 그으려고 합니다. 점 ㄱ과 어느 점을 이어야 할까요? (   )

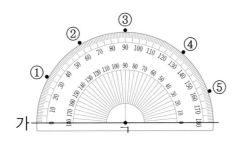

05 다음은 평행사변형입니다. ☐ 안에 알맞은 수를 써넣으세요.

06 직사각형과 정사각형을 모두 찾아 써 보세요.

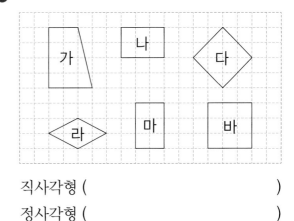

직사각형 (   )
정사각형 (   )

07 사각형 ㄱㄴㄷㄹ은 마름모입니다. 각 ㄹㅁㄷ의 크기는 몇 도인지 구해 보세요.

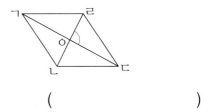

(   )

⚡ AI가 뽑은 정답률 낮은 문제

08 사각형 모양의 종이가 있습니다. 이 종이를 한 번만 잘라 내어 사다리꼴을 만든다면 어느 선을 따라 잘라야 할까요? (   )

🔗 78쪽
유형 1

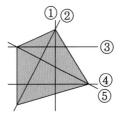

09 바르게 말한 사람은 누구인지 이름을 써 보세요.

> - 신영: 한 직선과 평행한 두 직선은 서로 수직이야.
> - 형규: 한 직선에 대한 수선은 1개만 그을 수 있어.
> - 우혁: 한 점을 지나고 주어진 직선에 수직인 직선은 1개뿐이야.

( )

10 그림과 같이 크기가 다른 직사각형 모양의 종이띠 2장을 겹쳤습니다. 겹쳐진 부분의 이름이 될 수 있는 것을 모두 고르세요.

( )

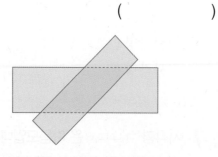

① 사다리꼴 　　② 평행사변형
③ 마름모 　　　④ 직사각형
⑤ 정사각형

AI가 뽑은 정답률 낮은 문제

11 **조건**을 모두 만족하는 사각형을 모두 찾아 ○표 해 보세요.

🔗 79쪽
유형4

> 조건
> - 마주 보는 두 쌍의 변이 서로 평행합니다.
> - 네 각의 크기가 모두 같습니다.

> 사다리꼴　　평행사변형
> 마름모　　직사각형　　정사각형

12 점 종이에서 사각형 ㄱㄴㄷㄹ의 점 ㄱ을 옮겨서 평행사변형을 만들려고 합니다. 점 ㄱ을 어느 점으로 옮겨야 할까요?

( )

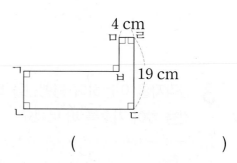

13 도형에서 변 ㄱㄴ과 변 ㄹㄷ 사이의 거리는 30 cm입니다. 변 ㄱㅂ의 길이는 몇 cm인지 구해 보세요.

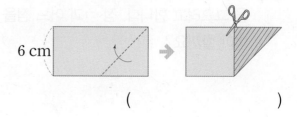

( )

14 다음과 같이 직사각형 모양의 종이를 접어서 자른 후 빗금 친 부분을 펼쳤을 때, 만들어지는 사각형의 네 변의 길이의 합은 몇 cm인지 구해 보세요.

6 cm

( )

76

15 사다리꼴에서 ㉠과 ㉡의 각도를 각각 구해 보세요.

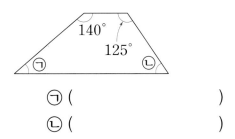

㉠ (   )

㉡ (   )

16 사각형 ㄱㄴㄷㄹ은 마름모입니다. 각 ㄴㄱㄹ의 크기가 각 ㄱㄹㄷ의 크기의 4배일 때 각 ㄱㄹㄷ의 크기는 몇 도인지 구해 보세요.

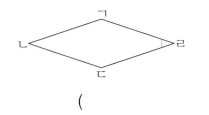

(   )

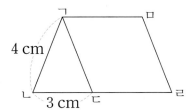

📝서술형

17 삼각형 ㄱㄴㄷ은 이등변삼각형이고, 사각형 ㄱㄷㄹㅁ은 마름모입니다. 사각형 ㄱㄴㄹㅁ의 네 변의 길이의 합은 몇 cm인지 풀이 과정을 쓰고 답을 구해 보세요.

풀이▶

_____

_____

_____

답▶

_____

18 왼쪽 정삼각형의 세 변의 길이의 합과 오른쪽 마름모의 네 변의 길이의 합은 같습니다. 마름모의 한 변의 길이는 몇 cm인지 구해 보세요.

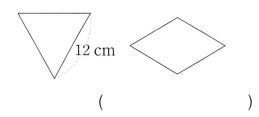

(   )

🤖⚡ **AI가 뽑은 정답률 낮은 문제**   📝서술형

🔗80쪽 유형6

19 사각형 ㄱㄴㄷㄹ은 평행사변형이고, 사각형 ㄴㅁㅂㄷ은 직사각형입니다. 각 ㄱㄴㅁ의 크기는 몇 도인지 풀이 과정을 쓰고 답을 구해 보세요.

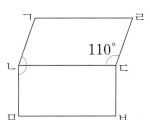

풀이▶

_____

_____

_____

답▶

_____

🤖⚡ **AI가 뽑은 정답률 낮은 문제**

🔗83쪽 유형12

20 직선 가와 직선 나는 서로 평행합니다. 각 ㄴㄱㄷ의 크기는 몇 도인지 구해 보세요.

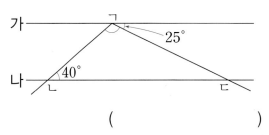

(   )

4 단원

1회 11번 | 2회 13번 | 4회 8번

유형 1 사다리꼴 만들기

점 종이에서 사각형 ㄱㄴㄷㄹ의 점 ㄱ을 옮겨서 사다리꼴을 만들려고 합니다. 점 ㄱ을 어느 점으로 옮겨야 할까요? (　　　)

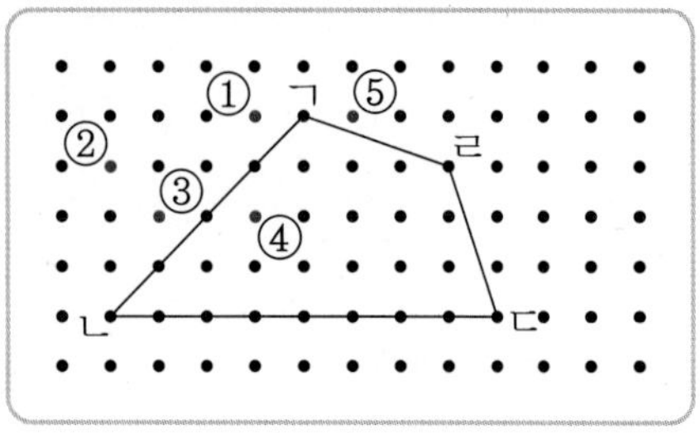

Tip 마주 보는 한 쌍의 변이 서로 평행하도록 점 ㄱ을 옮겨요.

1-1 점 종이에서 사각형의 한 꼭짓점을 옮겨서 사다리꼴을 만들려고 합니다. 옮겼을 때 사다리꼴을 만들 수 없는 것은 어느 것인가요? (　　　)

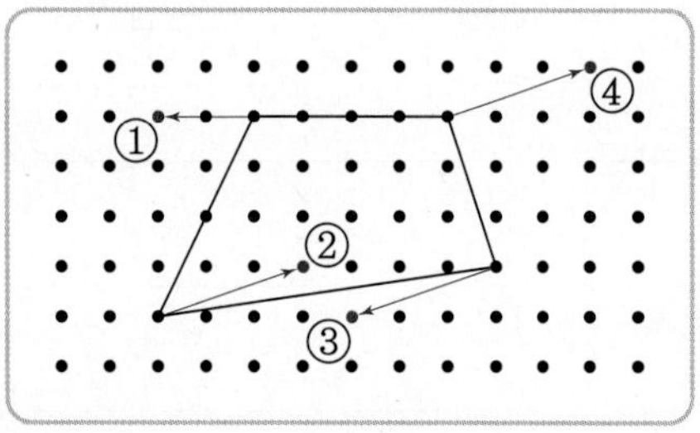

1-2 사각형 모양의 종이가 있습니다. 이 종이를 한 번만 잘라 내어 사다리꼴을 만든다면 어느 선을 따라 잘라야 할지 기호를 써 보세요.

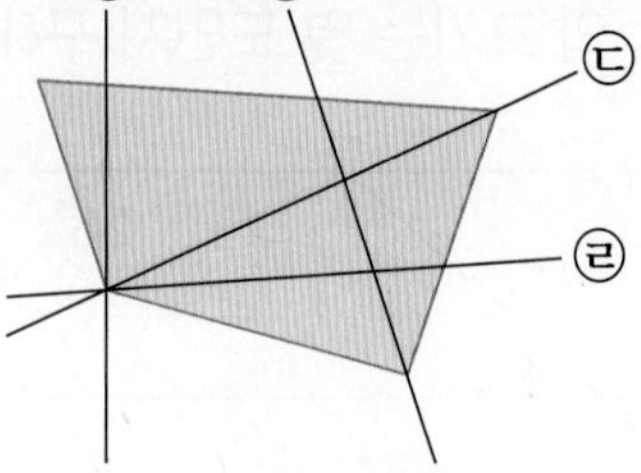

(　　　)

2회 15번

유형 2 변의 길이의 합 구하기

모양과 크기가 같은 마름모 6개를 겹치지 않게 이어 붙여 만든 도형입니다. 빨간색 선의 길이는 몇 cm인지 구해 보세요.

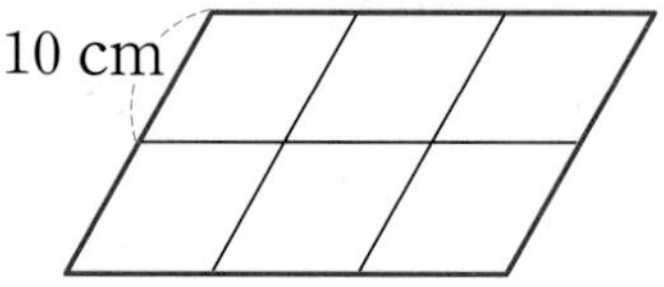

(　　　)

Tip 마름모는 네 변의 길이가 모두 같아요.

2-1 모양과 크기가 같은 평행사변형 9개를 겹치지 않게 이어 붙여 만든 도형입니다. 빨간색 선의 길이는 몇 cm인지 구해 보세요.

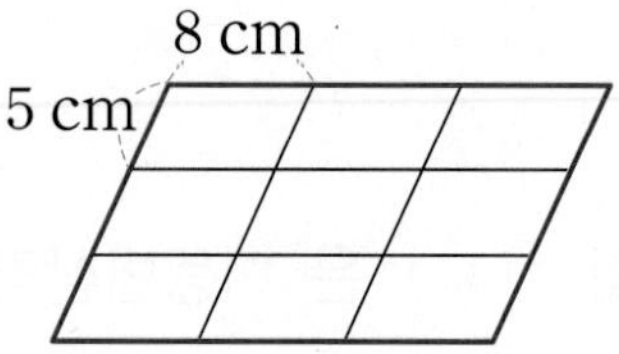

(　　　)

2-2 모양과 크기가 같고 네 변의 길이의 합이 36 cm인 평행사변형 2개를 겹치지 않게 이어 붙여 만든 마름모입니다. 마름모의 네 변의 길이의 합은 몇 cm인지 구해 보세요.

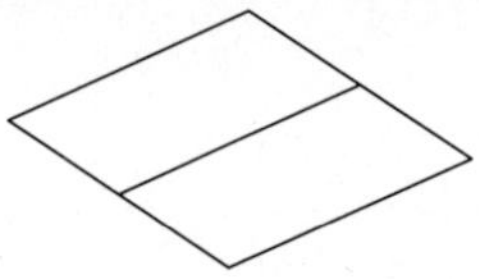

(　　　)

유형 3 **평행선의 개수 구하기**

도형에서 평행선은 모두 몇 쌍인지 구해 보세요.

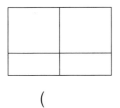

(   )

❶Tip 서로 만나지 않는 두 직선을 평행하다고 해요. 이때 평행한 두 직선을 평행선이라고 해요.

3-1 도형에서 평행선은 모두 몇 쌍인지 구해 보세요.

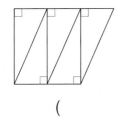

(   )

3-2 평행선이 가장 많은 도형을 찾아 기호를 써 보세요.

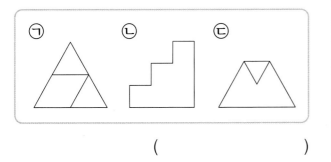

(   )

유형 4 **조건에 알맞은 사각형 구하기**

조건을 모두 만족하는 사각형을 모두 찾아 기호를 써 보세요.

조건
- 이웃하는 두 각의 크기의 합이 180° 입니다.
- 네 각의 크기가 모두 같습니다.

⊙ 사다리꼴   ⓛ 평행사변형
ⓒ 직사각형   ⓔ 정사각형

(   )

❶Tip 각각의 조건을 만족하는 사각형이 아니라 두 조건을 모두 만족하는 사각형을 찾아요.

4-1 조건을 모두 만족하는 사각형의 이름을 모두 써 보세요.

조건
- 마주 보는 두 쌍의 변이 서로 평행합니다.
- 네 변의 길이가 모두 같습니다.
- 마주 보는 꼭짓점끼리 이은 선분이 서로 수직으로 만납니다.

(   )

4-2 친구들이 설명하는 조건을 모두 만족하는 사각형의 이름을 써 보세요.

- 연아: 마주 보는 두 쌍의 변이 서로 평행해.
- 지훈: 네 각의 크기가 모두 같아.
- 민혜: 네 변의 길이가 모두 같아.

(   )

단원

🔗 3회 19번

유형 **5** **수선을 이용하여 각도 구하기**

직선 가와 직선 나는 서로 수직입니다. ㉠과 ㉡의 각도의 차는 몇 도인지 구해 보세요.

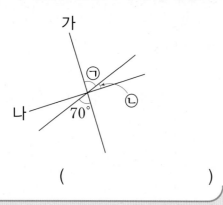

( )

❶Tip 서로 수직인 두 직선이 이루는 각도는 90° 임을 이용해요.

5-1 직선 가와 직선 나는 서로 수직입니다. ㉠과 ㉡의 각도의 합은 몇 도인지 구해 보세요.

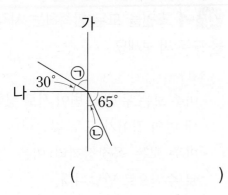

( )

5-2 직선 가와 직선 나는 서로 수직입니다. ㉠과 ㉡의 각도의 차는 몇 도인지 구해 보세요.

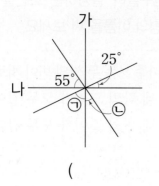

( )

🔗 4회 19번

유형 **6** **평행사변형의 각의 성질을 이용하여 각도 구하기**

사각형 ㄱㄴㄷㄹ은 직사각형이고, 사각형 ㄹㄷㅁㅂ은 평행사변형입니다. 각 ㄱㄹㅂ 의 크기는 몇 도인지 구해 보세요.

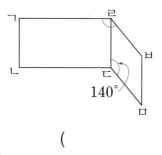

( )

❶Tip 평행사변형은 이웃하는 두 각의 크기의 합 이 180°이고, 직사각형의 네 각의 크기는 모두 90° 임을 이용해요.

6-1 사각형 ㄱㄴㄷㄹ은 평행사변형이고, 사각형 ㄹㄷㅁㅂ은 정사각형입니다. 각 ㄱㄹㅂ 의 크기는 몇 도인지 구해 보세요.

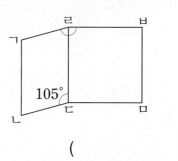

( )

6-2 사각형 ㄱㄴㄷㄹ은 평행사변형이고, 삼각형 ㄹㅁㅂ은 정삼각형입니다. 각 ㄱㄹㅂ의 크기는 몇 도인지 구해 보세요.

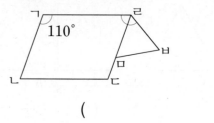

( )

유형 7 평행선 사이의 거리를 이용하여 거리 구하기

🔗 1회 16번 🔗 2회 14번

네 직선 가, 나, 다, 라는 서로 평행합니다. 직선 가와 직선 다 사이의 거리가 20 cm일 때, 직선 나와 직선 라 사이의 거리는 몇 cm인지 구해 보세요.

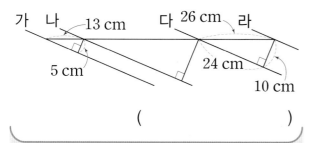

( )

❶Tip 먼저 직선 나와 직선 다 사이의 거리를 구해요.

7-1 네 직선 가, 나, 다, 라는 서로 평행합니다. 직선 나와 직선 라 사이의 거리가 35 cm일 때, 직선 가와 직선 다 사이의 거리는 몇 cm인지 구해 보세요.

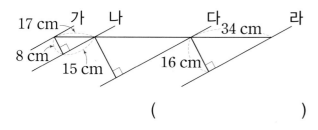

( )

7-2 세 직선 가, 나, 다는 서로 평행합니다. 직선 가와 다 사이의 거리가 36 cm일 때, 삼각형 ㄱㄴㄷ의 세 변의 길이의 합은 몇 cm인지 구해 보세요.

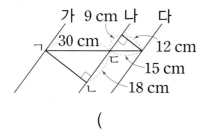

( )

유형 8 크고 작은 사각형의 개수 구하기

🔗 1회 18번

크기가 같은 마름모를 이어 붙여 만든 다음 도형에서 찾을 수 있는 크고 작은 마름모는 모두 몇 개인지 구해 보세요.

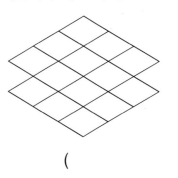

( )

❶Tip 마름모 1개짜리 마름모 ◇, 마름모 4개짜리 마름모 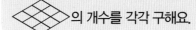, 마름모 9개짜리 마름모

◇ 의 개수를 각각 구해요.

8-1 그림에서 찾을 수 있는 크고 작은 사다리꼴은 모두 몇 개인지 구해 보세요.

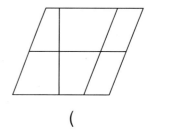

( )

8-2 크기가 같은 정삼각형을 이어 붙여서 다음과 같은 도형을 만들었습니다. 도형에서 찾을 수 있는 크고 작은 마름모와 크고 작은 평행사변형의 수의 차는 몇 개인지 구해 보세요.

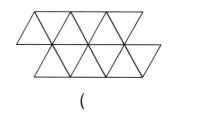

( )

∂ 2회 20번

유형 9 직사각형 모양의 종이를 접었을 때 각도 구하기

그림과 같이 직사각형 모양의 종이를 접었을 때, 각 ㄷㅂㅅ의 크기는 몇 도인지 구해 보세요.

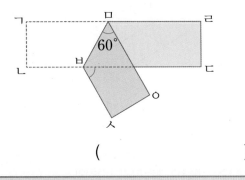

( )

❶Tip 종이를 접었을 때 접은 각과 접힌 각의 크기가 같아요.

9-1 그림과 같이 직사각형 모양의 종이를 접었을 때, ㉠의 각도는 몇 도인지 구해 보세요.

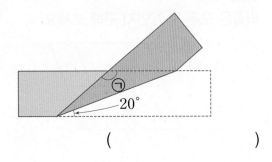

( )

9-2 그림과 같이 직사각형 모양의 종이를 접었을 때, 각 ㄴㅇㅅ의 크기는 몇 도인지 구해 보세요.

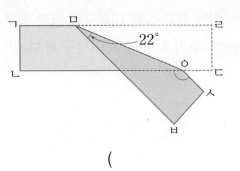

( )

∂ 1회 20번

유형 10 마름모의 각의 성질을 이용하여 각도 구하기

사각형 ㄱㄴㄷㄹ은 마름모이고, 사각형 ㄹㄷㅁㅂ은 평행사변형입니다. 각 ㄱㄴㄷ의 크기는 몇 도인지 구해 보세요.

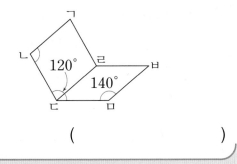

( )

❶Tip 마름모와 평행사변형은 이웃하는 두 각의 크기의 합이 180°임을 이용해요.

10-1 사각형 ㄱㄴㄷㄹ은 마름모이고, 삼각형 ㄹㄷㅁ은 이등변삼각형입니다. 각 ㄹㄷㅁ의 크기는 몇 도인지 구해 보세요. (단, 선분 ㄱㅁ과 선분 ㄴㄷ은 서로 평행합니다.)

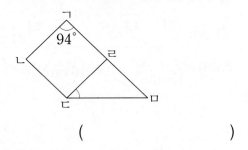

( )

10-2 사각형 ㄱㄴㄷㄹ은 정사각형이고, 사각형 ㄴㅁㅂㄷ은 마름모입니다. 각 ㄴㄱㅁ의 크기는 몇 도인지 구해 보세요.

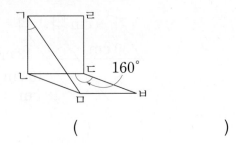

( )

유형 11 사각형의 각의 성질을 이용하여 각도 구하기
🔗 3회 20번

직선 가 위에 사각형을 그렸습니다. 사각형 ㄱㄴㄷㄹ은 평행사변형이고 사각형 ㅅㄷㅁㅂ은 사다리꼴일 때, 각 ㄷㅅㅂ의 크기는 몇 도인지 구해 보세요.

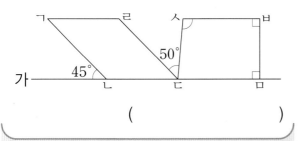

( )

❗Tip 평행사변형은 이웃하는 두 각의 크기의 합이 180°임을 이용해요.

11-1 직선 가 위에 사각형을 그렸습니다. 사각형 ㄱㄴㄷㄹ은 직사각형이고 사각형 ㅅㄷㅁㅂ은 마름모일 때, 각 ㄷㅅㅂ의 크기는 몇 도인지 구해 보세요.

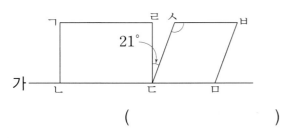

( )

11-2 직선 가 위에 사각형을 그렸습니다. 사각형 ㄱㄴㄷㄹ은 사다리꼴이고 사각형 ㅅㄷㅁㅂ은 마름모일 때, 각 ㄱㄹㄷ의 크기는 몇 도인지 구해 보세요.

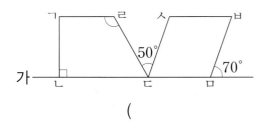

( )

유형 12 평행선의 성질을 이용하여 각도 구하기
🔗 4회 20번

직선 가와 직선 나는 서로 평행합니다. 각 ㄱㄴㄷ의 크기는 몇 도인지 구해 보세요.

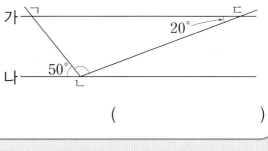

( )

❗Tip
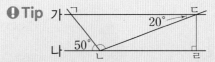
직선 가와 직선 나 사이에 수선을 긋고, 삼각형의 세 각의 크기의 합이 180°임을 이용해요.

12-1 직선 가와 직선 나는 서로 평행합니다. 점 ㄷ에서 직선 가에 수선을 그어 직선 가와 만나는 점을 점 ㄹ이라 할 때 ☐ 안에 알맞은 수를 써넣으세요.

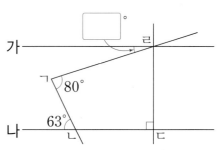

12-2 직선 가와 직선 나는 서로 평행합니다. ㉠의 각도는 몇 도인지 구해 보세요.

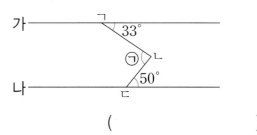

( )

83

5

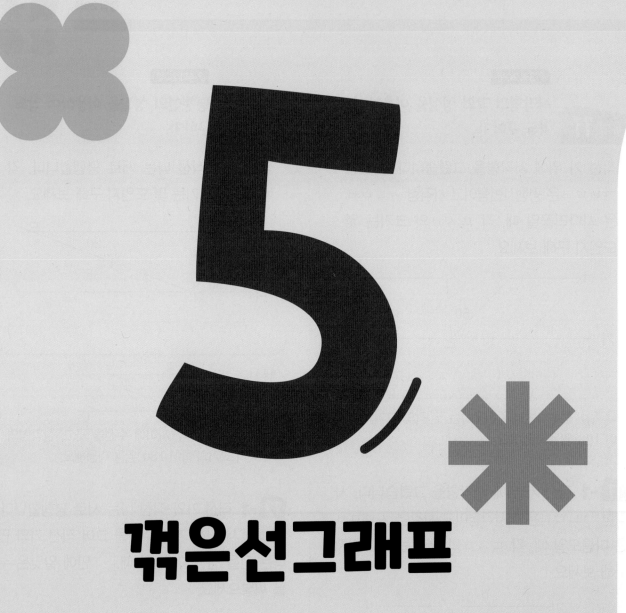

꺾은선그래프

꺾은선그래프

개념 1 꺾은선그래프

◆ 꺾은선그래프

연속적으로 변화하는 양을 점으로 표시하고, 그 점들을 선분으로 이어 그린 그래프를 꺾은선그래프라고 합니다.

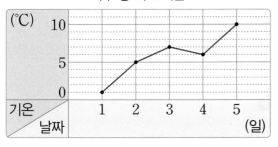

◆ 막대그래프와 꺾은선그래프 비교하기

 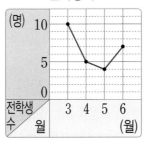

• 같은 점: 월별 전학생 수를 나타냅니다.
• 다른 점: 막대그래프는 막대로, 꺾은선그래프는 [   ](으)로 나타냈습니다.

개념 2 꺾은선그래프 해석하기

◆ 꺾은선그래프의 내용 알아보기

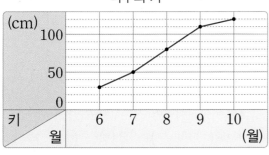

• 7월의 나무의 키는 50 cm입니다.
• 나무의 키가 전월과 비교하여 가장 적게 자란 때는 [   ]월입니다.
• 10월 이후 나무의 키가 더 클 것 같습니다.

◆ 물결선을 사용한 꺾은선그래프

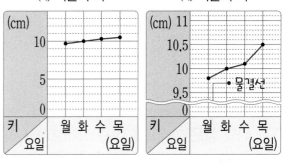

• 필요 없는 부분을 줄여서 나타낼 때 물결선을 사용합니다.
• 물결선을 사용하면 필요 없는 부분을 줄여서 나타내기 때문에 변화하는 모습이 잘 나타납니다.

개념 3 꺾은선그래프로 나타내기

① 표를 보고 그래프의 가로와 세로에 무엇을 나타낼지 정합니다.
② 물결선을 넣는다면 몇과 몇 사이에 넣으면 좋을지 생각해 보고 물결선을 그립니다.
③ 눈금 한 칸의 크기를 정합니다.
④ 가로 눈금과 세로 눈금이 만나는 자리에 점을 찍고, 점들을 선분으로 잇습니다.
⑤ 꺾은선그래프에 알맞은 [   ]을/를 씁니다.

정답 ❶ 선분 ❷ 10 ❸ 제목

[01~04] 어느 지역의 강수량을 조사하여 나타낸 그래프입니다. 물음에 답해 보세요.

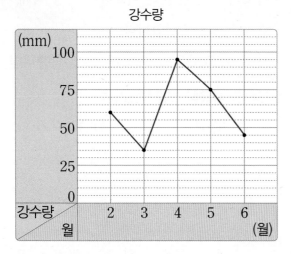

강수량

01 위와 같은 그래프를 무슨 그래프라고 하는지 써 보세요.

( )

02 그래프의 가로와 세로는 각각 무엇을 나타내는지 써 보세요.

가로 ( )

세로 ( )

03 세로 눈금 한 칸은 몇 mm를 나타내는지 구해 보세요.

( )

04 3월의 강수량은 몇 mm인지 구해 보세요.

( )

[05~06] 자료를 막대그래프 또는 꺾은선그래프로 나타내려고 합니다. 물음에 답해 보세요.

ㄱ 지역별 인구수
ㄴ 시간별 교실의 온도 변화
ㄷ 월별 식물의 키 변화
ㄹ 동네별 자전거 대여소의 수

AI가 뽑은 정답률 낮은 문제

05 막대그래프로 나타내기에 알맞은 것을 모두 찾아 기호를 써 보세요.

📎98쪽 유형1

( )

AI가 뽑은 정답률 낮은 문제

06 꺾은선그래프로 나타내기에 알맞은 것을 모두 찾아 기호를 써 보세요.

📎98쪽 유형1

( )

07 어느 집의 전기 사용량을 조사하여 나타낸 표입니다. 표를 보고 꺾은선그래프로 바르게 나타낸 것에 ◯표 해 보세요.

전기 사용량

월(월)	1	2	3	4
사용량(kWh)	283	285	286	289

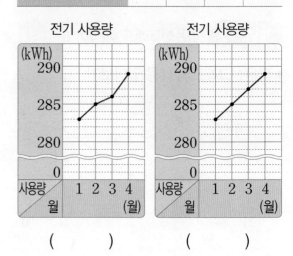

전기 사용량   전기 사용량

( )   ( )

08~10 일주일 간격으로 해바라기의 키를 조사하여 나타낸 표입니다. 물음에 답해 보세요.

해바라기의 키

날짜(일)	2	9	16	23	30
키(cm)	70	72	75	80	83

08 날짜별 해바라기의 키를 꺾은선그래프로 나타내려고 합니다. 물결선을 넣는다면 몇 cm와 몇 cm 사이에 넣으면 좋을지 써 보세요.

　　　cm와 　　　cm 사이

09 표를 보고 꺾은선그래프로 나타내어 보세요.

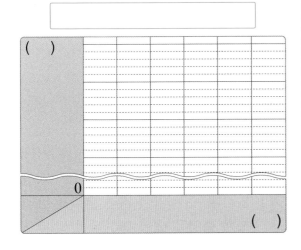

10 일주일 전에 비해 해바라기의 키가 가장 많이 자란 날은 며칠인지 구해 보세요.

(　　　　　　)

11~14 대영이의 발 길이를 매년 1월에 조사하여 나타낸 꺾은선그래프입니다. 물음에 답해 보세요.

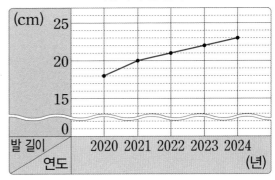
대영이의 발 길이

11 꺾은선은 무엇을 나타내는지 써 보세요.

(　　　　　　)

AI가 뽑은 정답률 낮은 문제
12 2020년부터 2024년까지 대영이의 발 길이는 몇 cm 길어졌는지 구해 보세요.

📎99쪽
유형4

(　　　　　　)

AI가 뽑은 정답률 낮은 문제
13 2020년 7월에 대영이의 발 길이는 몇 cm였을지 써 보세요.

📎100쪽
유형5

(　　　　　　)

✏️서술형

14 2025년에 대영이의 발 길이는 몇 cm가 될지 예상해 보고, 이유를 써 보세요.

답▶ _____

_____

_____

5
단원

15~17 어느 회사의 자동차 생산량을 조사하여 나타낸 꺾은선그래프입니다. 물음에 답해 보세요.

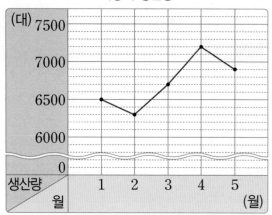

자동차 생산량

15 자동차 생산량이 6700대인 때는 몇 월인지 구해 보세요.

( )

16 생산량이 가장 많은 달에 자동차를 매일 똑같이 생산했다면 하루에 자동차를 몇 대 생산했을지 구해 보세요. (단, 쉬는 날은 없습니다.)

( )

17 생산량이 가장 적게 변한 때의 변화량만큼 5월과 6월 사이에 생산량이 늘었다면 6월의 생산량은 몇 대인지 구해 보세요.

( )

18~20 재윤이네 학교의 졸업생 수를 조사하여 나타낸 꺾은선그래프입니다. 물음에 답해 보세요.

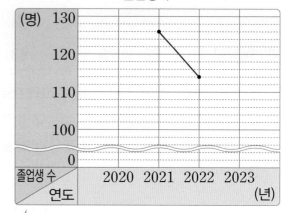

졸업생 수

AI가 뽑은 정답률 낮은 문제

18 🔗102쪽 유형9

2020년부터 2023년까지의 졸업생 수의 합은 476명이고, 2023년의 졸업생 수가 2020년의 졸업생 수보다 20명 더 적습니다. 2020년의 졸업생 수는 몇 명인지 구해 보세요.

( )

19 꺾은선그래프를 완성해 보세요.

✏️서술형

20 졸업생 수가 가장 많이 줄었을 때와 가장 적게 줄었을 때의 줄어든 학생 수의 차는 몇 명인지 풀이 과정을 쓰고 답을 구해 보세요.

풀이 ▶

_____

_____

_____

답 ▶

_____

01 연속적으로 변화하는 양을 점으로 표시하고, 그 점들을 선분으로 이어 그린 그래프를 무엇이라고 하는지 써 보세요.

( )

02~04 강아지의 무게를 조사하여 나타낸 꺾은선그래프입니다. 물음에 답해 보세요.

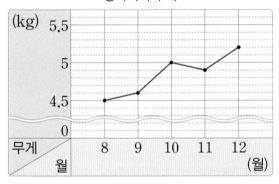

강아지의 무게

02 그래프의 세로 눈금 한 칸은 몇 kg을 나타내는지 구해 보세요.

( )

03 꺾은선그래프를 보고 표를 완성해 보세요.

강아지의 무게

월(월)	8	9	10	11	12
무게(kg)	4.5				

04 강아지의 무게가 가장 무거운 때는 몇 월인지 구해 보세요.

( )

05~07 영미가 읽은 책의 수를 조사하여 나타낸 표입니다. 표를 보고 꺾은선그래프로 나타내려고 합니다. 물음에 답해 보세요.

읽은 책의 수

월(월)	6	7	8	9	10
책의 수(권)	5	4	10	12	13

05 꺾은선그래프의 세로에 책의 수를 나타낸다면 가로에는 무엇을 나타내어야 하는지 써 보세요.

( )

06 세로 눈금 한 칸은 몇 권으로 나타내는 것이 좋을지 써 보세요.

( )

07 표를 보고 꺾은선그래프로 나타내어 보세요.

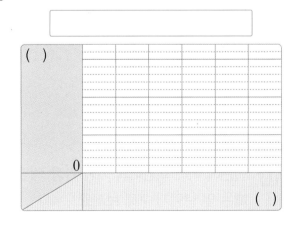

5단원

08~10 희원이의 키를 매년 3월에 조사하여 나타낸 꺾은선그래프입니다. 물음에 답해 보세요.

희원이의 키

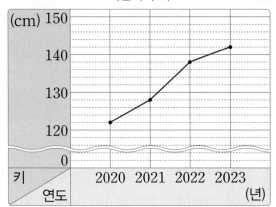

08 꺾은선그래프를 보고 바르게 설명한 것을 모두 찾아 기호를 써 보세요.

> ㉠ 2020년부터 2023년까지 조사했습니다.
> ㉡ 세로 눈금 한 칸은 1 cm를 나타냅니다.
> ㉢ 가로는 월을 나타냅니다.
> ㉣ 꺾은선은 희원이의 키의 변화를 나타냅니다.

( )

09 2022년 9월에 희원이의 키는 몇 cm였을지 구해 보세요.

( )

10 전년에 비해 희원이의 키가 가장 적게 자란 때는 몇 년인지 구해 보세요.

( )

11~14 어느 가게의 주스 판매량을 조사하여 나타낸 꺾은선그래프입니다. 물음에 답해 보세요.

주스 판매량

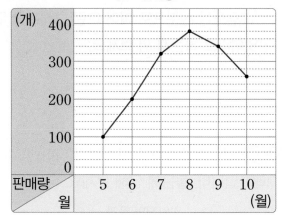

11 주스 판매량이 8월에는 7월보다 몇 개 더 늘었는지 구해 보세요.

( )

12 두 번째로 주스 판매량이 많은 때는 몇 월인지 구해 보세요.

( )

13 주스 판매량이 가장 많을 때와 가장 적을 때의 판매량 차이는 몇 개인지 구해 보세요.

( )

AI가 뽑은 정답률 낮은 문제

14 5월부터 10월까지 판매한 주스는 모두 몇 개인지 구해 보세요.

99쪽
유형 3

( )

15~18 태훈이의 과학, 국어 점수를 조사하여 나타낸 꺾은선그래프입니다. 물음에 답해 보세요.

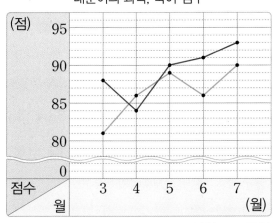

태훈이의 과학, 국어 점수

―과학 ―국어

15 과학 점수가 국어 점수보다 5점 더 높은 때는 몇 월인지 구해 보세요.

(   )

📝서술형

16 과학 점수가 90점일 때 국어 점수는 몇 점이었는지 풀이 과정을 쓰고 답을 구해 보세요.

풀이▶

_____

_____

답▶ _____

17 과학 점수와 국어 점수의 차가 가장 클 때의 점수의 차는 몇 점인지 구해 보세요.

(   )

⚡AI가 뽑은 정답률 낮은 문제

18 전월에 비해 과학 점수의 변화가 가장 적을 때의 국어 점수는 전월보다 몇 점 변했는지 구해 보세요.
📎103쪽
유형11

(   )

19~20 여림이의 저금액을 나타낸 꺾은선그래프의 일부분이 찢어졌습니다. 물음에 답해 보세요.

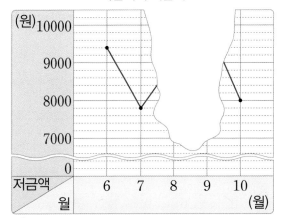

여림이의 저금액

⚡AI가 뽑은 정답률 낮은 문제　　　　　📝서술형

19 다음 **조건**을 모두 만족할 때 여림이의 9월 저금액은 얼마인지 풀이 과정을 쓰고 답을 구해 보세요.
📎102쪽
유형9

┌─ 조건 ┐
• 9월 저금액은 8월 저금액보다 1000원 더 많습니다.
• 여림이의 6월부터 10월까지 저금액은 모두 44200원입니다.

풀이▶

_____

_____

답▶ _____

20 꺾은선그래프를 완성했을 때 저금액이 가장 많은 때는 몇 월인지 구해 보세요.

(   )

5단원

01~03 어느 날 운동장의 온도를 조사하여 나타낸 꺾은선그래프입니다. 물음에 답해 보세요.

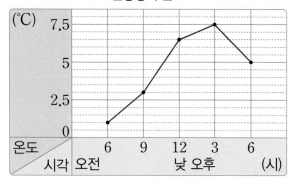

운동장의 온도

01 운동장의 온도를 몇 시부터 몇 시까지 조사하였는지 ☐ 안에 알맞은 수를 써넣으세요.

오전 ☐ 시부터 오후 ☐ 시까지

02 가로에는 무엇을 나타내었는지 써 보세요.

(   )

03 세로 눈금 한 칸은 몇 ℃를 나타내는지 구해 보세요.

(   )

04 연아의 팔 굽혀 펴기 기록을 조사하여 나타낸 막대그래프와 꺾은선그래프입니다. (가)와 (나) 중 기록의 변화를 한눈에 알아보기 쉬운 그래프는 어느 것인지 써 보세요.

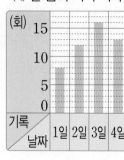

(가) 팔 굽혀 펴기 기록

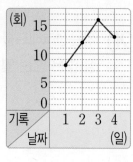

(나) 팔 굽혀 펴기 기록

(   )

05~07 매월 1일에 서준이의 몸무게를 조사하여 나타낸 표입니다. 물음에 답해 보세요.

서준이의 몸무게

월(월)	3	4	5	6	7
몸무게(kg)	33.1	33.2	33.3	33.4	33.5

05 표를 보고 꺾은선그래프를 완성해 보세요.

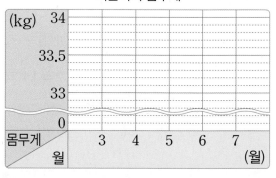

서준이의 몸무게

06 꺾은선은 무엇을 나타내는지 써 보세요.

(   )

07 8월에 서준이의 몸무게는 몇 kg이 될지 예상하였습니다. 알맞은 말에 ○표 하고, ☐ 안에 알맞은 수를 써넣으세요.

서준이의 몸무게는 매월 ☐ kg씩 꾸준히 (감소 , 증가)하고 있으므로 8월에 서준이의 몸무게는 ☐ kg이 될 것입니다.

08~10 어느 공장의 불량품 수를 조사하여 나타낸 표입니다. 표를 보고 꺾은선그래프로 나타내려고 합니다. 물음에 답해 보세요.

불량품 수

월(월)	1	2	3	4	5
불량품 수(개)	120	110	130	190	200

08 물결선을 넣는다면 몇 개와 몇 개 사이에 넣으면 좋을지 찾아 기호를 써 보세요.

> ㉠ 100개와 200개 사이
> ㉡ 0개와 150개 사이
> ㉢ 0개와 100개 사이

( )

09 세로 눈금 한 칸은 몇 개를 나타내는 것이 좋을까요? ( )

① 1개 ② 10개 ③ 30개
④ 50개 ⑤ 100개

10 표를 보고 꺾은선그래프로 나타내어 보세요.

불량품 수

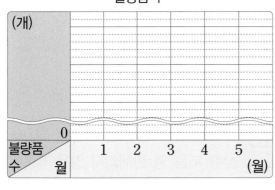

11~14 매일 오전 11시에 식물의 키를 조사하여 나타낸 꺾은선그래프입니다. 물음에 답해 보세요.

㉮ 식물의 키   ㉯ 식물의 키

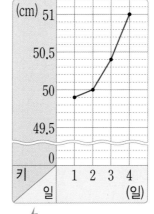 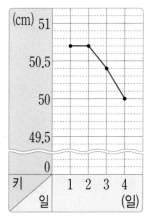

AI가 뽑은 정답률 낮은 문제

11 ㉮ 식물과 ㉯ 식물 중 시간이 지나면서 시드는 식물은 어느 것인지 써 보세요.
🔗 98쪽
유형 2

( )

12 두 식물의 키가 같은 날은 며칠인지 구해 보세요.

( )

13 ㉯ 식물의 키가 변하지 않은 때는 며칠과 며칠 사이인지 구해 보세요.

( )

AI가 뽑은 정답률 낮은 문제

14 2일 밤 11시에 ㉮ 식물의 키는 몇 cm였을지 구해 보세요.
🔗 100쪽
유형 5

( )

5
단원

[15~17] 어느 과수원의 사과 판매량을 조사하여 나타낸 꺾은선그래프입니다. 물음에 답해 보세요.

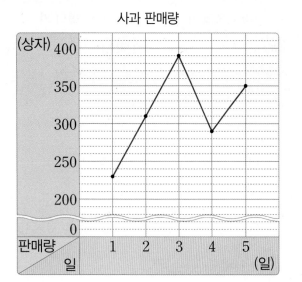

15 사과 판매량이 350상자인 때는 며칠인지 구해 보세요.

( )

16 사과 판매량이 전날보다 줄어든 때는 며칠이고, 그때의 판매량은 몇 상자인지 구해 보세요.

(,)

AI가 **뽑은** 정답률 낮은 **문제**　　　🖊️서술형

17 사과 한 상자의 가격이 30000원일 때, 1일부터 5일까지 사과를 판매한 금액은 모두 얼마인지 풀이 과정을 쓰고 답을 구해 보세요.

📎101쪽
유형 8

풀이▶

_____

_____

_____

답▶

_____

[18~20] 어느 회사의 제품 생산량과 판매량을 조사하여 나타낸 꺾은선그래프입니다. 물음에 답해 보세요.

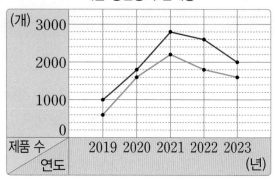

18 2022년에 생산량과 판매량의 차는 몇 개인지 구해 보세요.

( )

AI가 **뽑은** 정답률 낮은 **문제**　　　🖊️서술형

19 꺾은선그래프를 세로 눈금 한 칸이 100개를 나타내도록 다시 그리면 2021년의 생산량과 판매량의 세로 눈금은 몇 칸 차이가 나는지 풀이 과정을 쓰고 답을 구해 보세요.

📎101쪽
유형 7

풀이▶

_____

_____

_____

답▶

_____

AI가 **뽑은** 정답률 낮은 **문제**

20 2019년부터 2023년까지 이 회사에서 생산한 제품 중 판매되지 않은 제품은 모두 창고에 보관했습니다. 창고에 보관한 제품은 모두 몇 개인지 구해 보세요.

📎103쪽
유형 11

( )

01~03 나무의 키를 매달 1일에 조사하여 나타낸 표와 그래프입니다. 물음에 답해 보세요.

나무의 키

월(월)	5	6	7	8
키(cm)	124.5	125.2	125.5	126

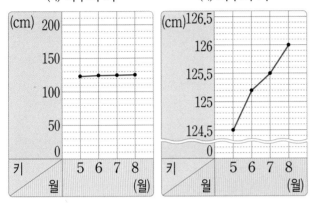

(가) 나무의 키   (나) 나무의 키

01 두 그래프의 세로 눈금 한 칸은 각각 몇 cm를 나타내는지 구해 보세요.

(가) ( )
(나) ( )

02 (가)와 (나) 중 나무의 키의 변화를 더 잘 알아볼 수 있는 그래프는 어느 것인지 써 보세요.

( )

03 ☐ 안에 알맞은 말을 써넣으세요.

(나) 그래프는 필요 없는 부분을
☐(으)로 줄여서 나타내었
습니다.

04~05 어느 지역의 1인 가구 수를 조사하여 나타낸 꺾은선그래프입니다. 물음에 답해 보세요.

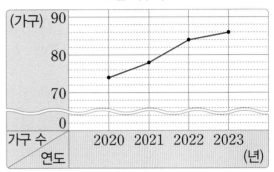

1인 가구 수

04 전년에 비해 1인 가구 수가 가장 많이 늘어난 때는 언제인지 구해 보세요.

( )

05 알맞은 말에 ◯표 해 보세요.

> 2020년부터 2023년까지 1인 가구 수는 점점 (늘어나고 , 줄어들고) 있습니다.

06~07 막대그래프와 꺾은선그래프 중에서 어떤 그래프로 나타내기에 알맞은지 써 보세요.

🤖AI가 뽑은 정답률 낮은 문제
06
🔗98쪽
유형 1

> 우리나라 지역별 인구수

( )

🤖AI가 뽑은 정답률 낮은 문제
07
🔗98쪽
유형 1

> 일주일 동안 강낭콩 싹의 길이 변화

( )

5
단원

08 2개월마다 동생의 키를 조사하여 나타낸 표입니다. 표를 보고 꺾은선그래프로 나타내려고 합니다. 그래프의 가, 나, 다에 알맞은 것을 찾아 기호를 써 보세요.

동생의 키

월(월)	1	3	5	7	9
키(cm)	104	106	107	109	110

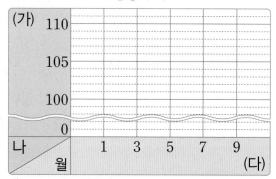

동생의 키

⊙ 월   ⓒ 키   ⓒ cm

가: ☐ , 나: ☐ , 다: ☐

09~11 어느 날 오후에 방의 온도를 조사하여 나타낸 꺾은선그래프입니다. 물음에 답해 보세요.

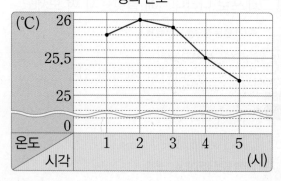

방의 온도

09 방의 온도가 낮아지기 시작하는 시각은 몇 시인지 구해 보세요.

( )

10 방의 온도가 25.5℃인 시각은 몇 시인지 구해 보세요.

( )

11 2시부터 5시까지 방의 온도는 몇 ℃ 떨어졌는지 구해 보세요.

( )

12~13 어느 날 교실과 운동장의 시각별 온도를 조사하여 나타낸 꺾은선그래프입니다. 물음에 답해 보세요.

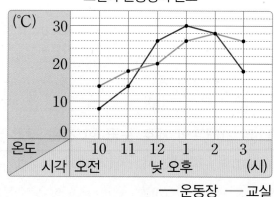

교실과 운동장의 온도

— 운동장   — 교실

12 꺾은선그래프를 보고 잘못 설명한 것을 찾아 기호를 써 보세요.

⊙ 운동장의 온도가 가장 낮은 때는 오전 10시입니다.
ⓒ 교실의 온도가 가장 높은 때는 오후 2시입니다.
ⓒ 세로 눈금 한 칸은 1℃를 나타냅니다.

( )

13 교실과 운동장의 온도의 차가 가장 큰 때는 몇 시이고, 그때의 온도의 차는 몇 ℃인지 구해 보세요.

(,)

14~17 뜨거운 물을 컵에 담아 10분마다 물의 온도를 조사하여 나타낸 꺾은선그래프입니다. 물음에 답해 보세요.

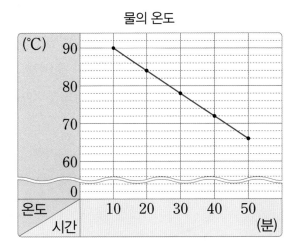

물의 온도

14 물의 온도는 10분마다 몇 ℃씩 낮아졌는지 구해 보세요.

( )

🖊️서술형

15 처음 뜨거운 물을 컵에 담았을 때 물의 온도는 몇 ℃였을지 풀이 과정을 쓰고 답을 구해 보세요.

풀이 ▶ _____

_____

답 ▶ _____

🤖 AI가 **뽑은** 정답률 낮은 **문제**

16 물의 온도가 60℃일 때는 뜨거운 물을 컵에 담은지 몇 분이 되었을 때일지 구해 보세요.
🔗100쪽
유형10

( )

🤖 AI가 **뽑은** 정답률 낮은 **문제**

17 뜨거운 물을 컵에 담은지 25분이 되었을 때 물의 온도는 몇 ℃일지 구해 보세요.
🔗100쪽
유형5

( )

18~20 어느 지역의 쌀 생산량을 조사하여 나타낸 꺾은선그래프입니다. 물음에 답해 보세요.

쌀 생산량

🤖 AI가 **뽑은** 정답률 낮은 **문제**

18 2019년부터 2023년까지 쌀 생산량의 합이 6900 kg일 때 ㉠, ㉡에 알맞은 수를 각각 구해 보세요.
🔗100쪽
유형6

㉠ ( )

㉡ ( )

🤖 AI가 **뽑은** 정답률 낮은 **문제**   🖊️서술형

19 2019년부터 2023년까지 늘어난 쌀 생산량은 몇 kg인지 풀이 과정을 쓰고 답을 구해 보세요.
🔗99쪽
유형4

풀이 ▶ _____

_____

답 ▶ _____

20 쌀 생산량이 가장 많이 늘었을 때와 가장 적게 늘었을 때의 늘어난 생산량의 차는 몇 kg인지 구해 보세요.

( )

5
단원

🔗 1회 5, 6번 🔗 4회 6, 7번

유형 1 알맞은 그래프 선택하기

다음 자료를 나타내기에 알맞은 그래프에 ○표 해 보세요.

> 월별 고구마 생산량의 변화

➡ (막대 , 꺾은선)그래프

> 반별 안경 쓴 학생 수

➡ (막대 , 꺾은선)그래프

❶Tip 자료의 양을 비교할 때에는 막대그래프로 나타내는 것이 좋고, 시간의 흐름에 따른 변화를 알아볼 때에는 꺾은선그래프로 나타내는 것이 좋아요.

1 -1 막대그래프와 꺾은선그래프 중에서 어떤 그래프로 나타내기에 알맞은지 써 보세요.

> ㉠ 좋아하는 운동별 학생 수
> ㉡ 요일별 50 m 달리기 기록의 변화

㉠ (   )

㉡ (   )

1 -2 막대그래프로 나타내기에 알맞은 경우는 '막대', 꺾은선그래프로 나타내기에 알맞은 경우는 '꺾은선'이라고 써 보세요.

• 재윤이의 과목별 하루 공부 시간
(   )

• 재윤이의 월별 공부 시간의 변화
(   )

🔗 3회 11번

유형 2 꺾은선그래프의 내용 알아보기

봅슬레이 선수들의 기록의 변화를 조사하여 나타낸 꺾은선그래프입니다. (가) 선수와 (나) 선수 중 처음에는 기록이 천천히 줄어들다가 시간이 지나면서 빠르게 줄어드는 선수는 누구인지 써 보세요.

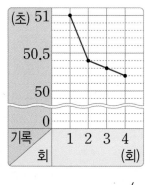
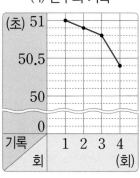

(가) 선수의 기록 (나) 선수의 기록

(   )

❶Tip 선분이 많이 기울어진 때는 기록이 빠르게 줄어든 때이고, 선분이 적게 기울어진 때는 기록이 느리게 줄어든 때에요.

2 -1 두 식물의 키의 변화를 조사하여 나타낸 꺾은선그래프입니다. (가) 식물과 (나) 식물 중 조사하는 동안 시들기 시작한 식물은 어느 것일까요? 그렇게 생각한 이유를 써 보세요.

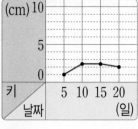
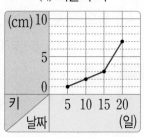

(가) 식물의 키 (나) 식물의 키

답▶

_____

_____

🔗 2회 14번

유형 3 조사한 기간 동안의 판매량 구하기

어느 가게의 운동화 판매량을 조사하여 나타낸 꺾은선그래프입니다. 11일부터 15일까지 판매한 운동화는 모두 몇 켤레인지 구해 보세요.

운동화 판매량

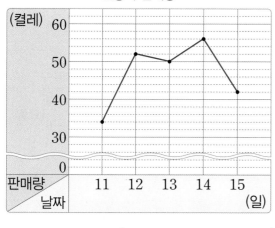

(   )

❶Tip 날짜별로 판매한 운동화가 각각 몇 켤레인지 구하고, 판매한 운동화의 수를 모두 더해요.

3 -1 어느 마을의 고구마 수확량을 조사하여 나타낸 꺾은선그래프입니다. 2019년부터 2023년까지 수확한 고구마는 모두 몇 kg인지 구해 보세요.

고구마 수확량

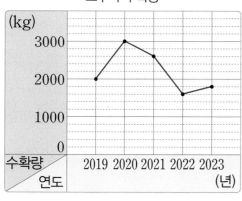

(   )

🔗 1회 12번 🔗 4회 19번

유형 4 조사한 기간 동안의 변화량 구하기

어느 편의점의 매출액을 조사하여 나타낸 꺾은선그래프입니다. 1일부터 5일까지 늘어난 매출액은 얼마인지 구해 보세요.

매출액

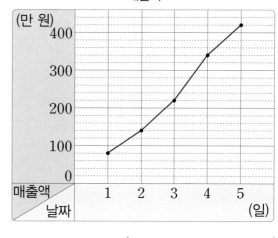

(   )

❶Tip 5일의 매출액에서 1일의 매출액을 빼요.

4 -1 어느 회사의 자동차 수출량을 조사하여 나타낸 꺾은선그래프입니다. 4월부터 8월까지 늘어난 수출량은 몇 대인지 구해 보세요.

자동차 수출량

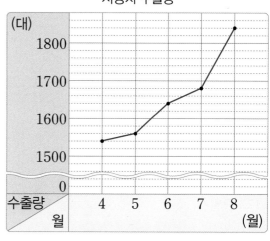

(   )

5 단원

유형 5 그래프에서 중간의 값 예상하기

나무의 키를 매월 1일에 조사하여 나타낸 꺾은선그래프입니다. 3월 16일에 나무의 키는 몇 cm였을지 구해 보세요.

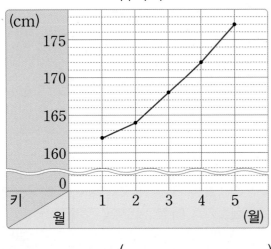

나무의 키

(   )

❶Tip 3월 1일과 4월 1일의 나무의 키의 중간은 몇 cm인지 그래프를 살펴봐요.

5 -1 옥수수의 키를 매일 오전 11시에 조사하여 나타낸 꺾은선그래프입니다. 화요일 밤 11시에 옥수수의 키는 몇 cm였을지 구해 보세요.

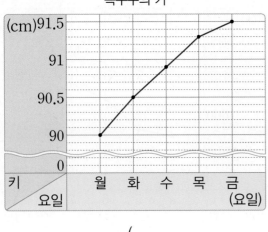

옥수수의 키

(   )

유형 6 세로 눈금의 수 구하기

어느 건물의 쓰레기 배출량을 조사하여 나타낸 꺾은선그래프입니다. 목요일부터 일요일까지 쓰레기 배출량의 합이 168 kg일 때 ㉠, ㉡에 알맞은 수를 각각 구해 보세요.

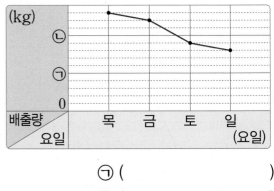

쓰레기 배출량

㉠ (   )

㉡ (   )

❶Tip (세로 눈금 한 칸의 크기)
= (쓰레기 배출량의 합)
÷ (세로 눈금 칸 수의 합)

6 -1 어느 공장의 불량품 수를 조사하여 나타낸 꺾은선그래프입니다. 6월부터 9월까지 불량품 수의 합이 1230개일 때 ㉠+㉡의 값을 구해 보세요.

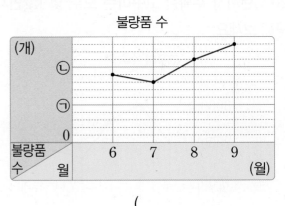

불량품 수

(   )

유형 7 🔗 3회 19번
세로 눈금의 크기를 바꾸어 다시
그래프 그리기

어느 미술관의 입장객 수를 조사하여 나타낸 꺾은선그래프입니다. 이 꺾은선그래프를 세로 눈금 한 칸이 5명을 나타내도록 다시 그리면 3일과 4일의 세로 눈금은 몇 칸 차이가 나는지 구해 보세요.

미술관 입장객 수

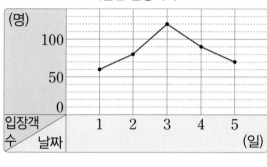

( )

❶Tip 다시 그린 그래프에서 세로 눈금의 칸 수의 차는 (자료의 값의 차)÷(세로 눈금 한 칸의 크기)로 구해요.

7-1 콩나물의 키를 조사하여 나타낸 꺾은선그래프입니다. 이 꺾은선그래프를 세로 눈금한 칸이 1 cm를 나타내도록 다시 그리면 5일과 7일의 세로 눈금은 몇 칸 차이가 나는지 구해 보세요.

콩나물의 키

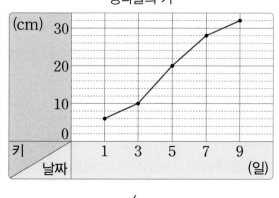

( )

유형 8 🔗 3회 17번
판매한 금액 구하기

어느 문구점의 색종이 판매량을 조사하여 나타낸 꺾은선그래프입니다. 색종이 한 묶음의 가격이 1000원일 때, 1일부터 4일까지 색종이를 판매한 금액은 모두 얼마인지 구해 보세요.

색종이 판매량

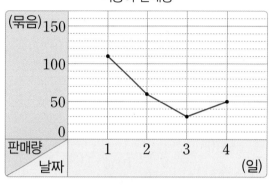

( )

❶Tip (조사한 기간 동안 색종이를 판매한 금액)
=(조사한 기간 동안의 색종이 판매량)
×(색종이 한 묶음의 가격)

8-1 어느 분식집의 김밥 판매량을 조사하여 나타낸 꺾은선그래프입니다. 김밥 한 줄의 가격이 3500원일 때, 10일부터 14일까지 김밥을 판매한 금액은 모두 얼마인지 구해 보세요.

김밥 판매량

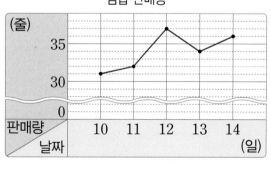

( )

5 단원

🔗 1회 18번 🔗 2회 19번

유형 9 생략된 부분이 있는 그래프 완성하기

정우의 국어 점수를 조사하여 나타낸 꺾은선그래프입니다. 9월부터 12월까지의 국어 점수의 합은 370점이고, 11월의 점수가 12월의 점수보다 6점 더 낮았습니다. 정우의 12월의 국어 점수는 몇 점인지 구해 보세요.

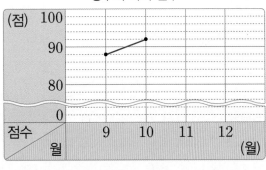

정우의 국어 점수

(   )

❶Tip 12월의 국어 점수를 ☐점이라고 하고 식을 세워 계산해요.

9-1 어느 박물관의 입장객 수를 조사하여 나타낸 꺾은선그래프입니다. 2월부터 6월까지의 입장객 수의 합은 5920명이고, 4월의 입장객 수가 3월의 입장객 수보다 40명 더 많습니다. 4월의 입장객 수는 몇 명인지 구해 보세요.

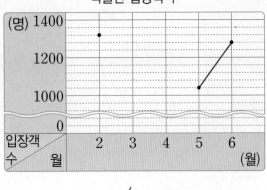

박물관 입장객 수

(   )

🔗 4회 16번

유형 10 일정하게 변하는 그래프 해석하기

추의 무게에 따라 일정하게 늘어나는 용수철의 길이를 재어 나타낸 꺾은선그래프입니다. 용수철의 길이가 15 cm일 때 용수철에 매단 추의 무게는 몇 g일지 구해 보세요.

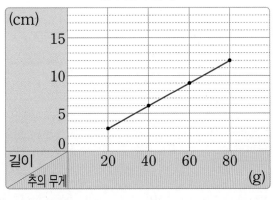

용수철의 길이

(   )

❶Tip 추의 무게가 20 g씩 늘어날 때마다 용수철의 길이가 3 cm씩 늘어나요.

10-1 물건의 무게에 따른 택배비를 조사하여 나타낸 꺾은선그래프입니다. 택배비가 5000원일 때 물건의 무게는 몇 g일지 구해 보세요.

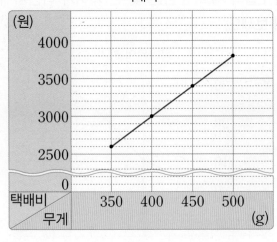

택배비

(   )

유형 11 🔗 2회 18번 🔗 3회 20번

두 꺾은선그래프 해석하기

어느 해 2월의 최저 기온과 손난로 판매량을 각각 조사하여 나타낸 꺾은선그래프입니다. 손난로 1개의 가격이 600원일 때 전날에 비해 최저 기온이 가장 많이 변한 날에 손난로 판매 금액은 전날보다 얼마나 줄었는지 구해 보세요.

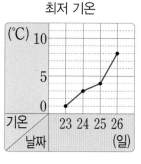

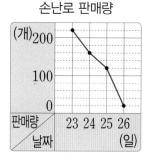

(   )

❶Tip 최저 기온이 가장 많이 변했을 때는 꺾은선그래프의 선분이 가장 많이 기울어진 때이므로 이때의 손난로 판매 금액을 구해요.

11 -1 어느 해 7월의 최고 기온과 아이스크림 판매량을 조사하여 나타낸 꺾은선그래프입니다. 전날에 비해 아이스크림 판매량의 변화가 가장 큰 날은 전날과의 최고 기온의 차가 몇 ℃인지 구해 보세요.

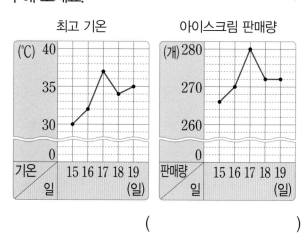

(   )

11 -2 어느 회사의 과자 생산량과 판매량을 조사하여 나타낸 꺾은선그래프입니다. 3월부터 6월까지 이 회사에서 생산한 과자 중 팔리지 않고 남아 있는 과자는 모두 몇 상자인지 구해 보세요.

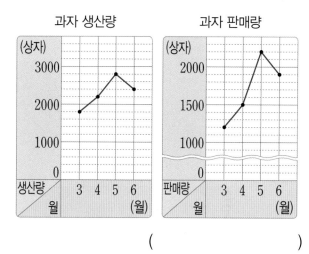

(   )

11 -3 오성이네 학교와 재윤이네 학교의 4학년 학생 수를 조사하여 나타낸 꺾은선그래프입니다. 오성이네 학교 4학년 학생 수가 재윤이네 학교 4학년 학생 수보다 4명 더 적은 해의 두 학교의 4학년 학생 수의 합은 몇 명인지 구해 보세요.

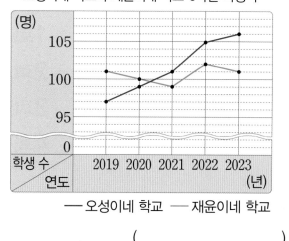

── 오성이네 학교 ── 재윤이네 학교

(   )

5단원

6

다각형

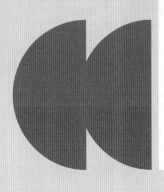

개념정리 6단원 다각형

개념 1 다각형

선분으로만 둘러싸인 도형을 다각형이라고 합니다.

다각형	변의 수(개)	이름
	5	오각형
	6	육각형
	7	

개념 2 정다각형

변의 길이가 모두 같고, 각의 크기가 모두 같은 다각형을 정다각형이라고 합니다.

정다각형	변의 수(개)	이름
	5	정오각형
	6	
	8	정팔각형

개념 3 대각선

◆대각선

선분 ㄱㄷ, 선분 ㄴㄹ과 같이 서로 이웃하지 않는 두 [ ] 을/를 이은 선분을 대각선이라고 합니다.

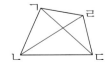

◆사각형의 대각선의 성질

• 두 대각선의 길이가 같습니다.

직사각형 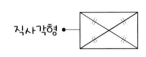　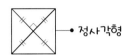 정사각형

• 두 대각선이 서로 수직으로 만납니다.

마름모 　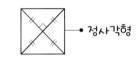 정사각형

• 한 대각선이 다른 대각선을 똑같이 둘로 나눕니다.

평행사변형 　마름모 　직사각형 　정사각형

개념 4 모양 만들기와 모양 채우기

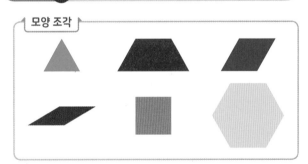
모양 조각

◆모양 만들기

모양 조각으로 여러 가지 모양을 만들 수 있습니다.

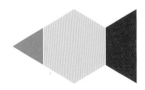

◆모양 채우기

여러 가지 방법으로 모양을 채울 수 있습니다.

정답 ① 칠각형 ② 정육각형 ③ 꼭짓점

01 정다각형을 모두 찾아 써 보세요.

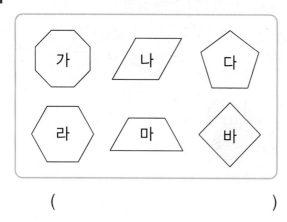

( )

02 □ 안에 알맞은 말을 써넣으세요.

다각형은 [ ] (으)로만 둘러싸인 도형입니다.

03 알맞은 것을 찾아 선으로 이어 보세요.

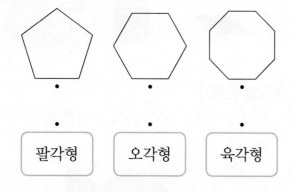

| 팔각형 | 오각형 | 육각형 |

04 다각형에 그은 선분 중 대각선을 모두 찾아 기호를 써 보세요.

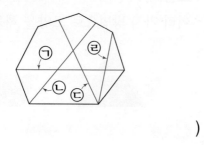

( )

05 주어진 선분을 이용하여 칠각형을 완성해 보세요.

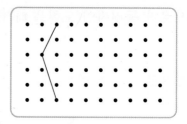

06 주어진 조건을 모두 만족하는 도형의 이름을 써 보세요.

조건
• 5개의 선분으로 둘러싸인 도형입니다.
• 각의 크기가 모두 같습니다.
• 변의 길이가 모두 같습니다.

( )

07 정다각형을 보고 □ 안에 알맞은 수를 써 넣으세요.

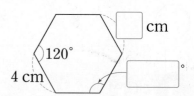

08 구각형에서 변의 수와 꼭짓점의 수의 합은 몇 개인지 구해 보세요.

( )

09 두 대각선이 서로 수직으로 만나는 사각형을 모두 고르세요. (　　　　　)

① 사다리꼴　　② 평행사변형
③ 마름모　　　④ 직사각형
⑤ 정사각형

서술형

10 다음 도형이 다각형이 아닌 이유를 써 보세요.

이유 ▶

_____

_____

_____

AI가 **뽑은** 정답률 낮은 **문제**

11 대각선의 수가 9개인 도형에 ◯표 해 보세요.

⑧ 119쪽 유형 3

　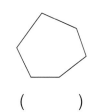

(　　　)　　　(　　　)

AI가 **뽑은** 정답률 낮은 **문제**

12 정팔각형의 대각선의 수는 정사각형의 대각선의 수의 몇 배인지 구해 보세요.

⑧ 119쪽 유형 3

(　　　　　　　　)

AI가 **뽑은** 정답률 낮은 **문제**

13 주어진 모양을 겹치지 않게 빈틈없이 채우려면 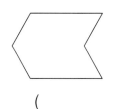 모양 조각은 모두 몇 개 필요한지 구해 보세요.

⑧ 118쪽 유형 1

(　　　　　　　　)

AI가 **뽑은** 정답률 낮은 **문제**

14 보기의 모양 조각을 모두 사용하여 주어진 모양을 채우려면  모양 조각은 모두 몇 개 필요한지 구해 보세요. (단, 같은 모양 조각을 여러 번 사용할 수 있습니다.)

⑧ 121쪽 유형 7

보기

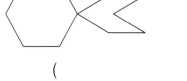

(　　　　　　　　)

6 단원

서술형

15
@119쪽
유형4

주어진 모양 조각을 모두 사용하여 다각형을 1개 만들고 만든 다각형의 특징을 2가지 써 보세요. (단, 같은 모양 조각을 여러 번 사용할 수 있습니다.)

답▶

_____

_____

_____

16
@122쪽
유형8

직사각형 ㄱㄴㄷㄹ의 두 대각선의 길이의 합은 52 cm입니다. 삼각형 ㄴㄷㄹ의 세 변의 길이의 합은 몇 cm인지 구해 보세요.

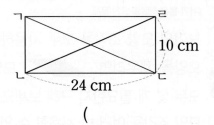

(   )

17

세 변의 길이의 합이 30 cm인 정삼각형의 안쪽에 선을 그어 작은 정삼각형 4개로 만들었습니다. 만들어진 작은 정삼각형 1개의 세 변의 길이의 합은 몇 cm인지 구해 보세요.

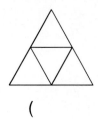

(   )

18

모양 조각을 사용하여 한 변이 3 cm인 정삼각형을 만들려고 합니다. 모양 조각을 가장 많이 사용할 때와 가장 적게 사용할 때의 모양 조각 수의 차는 몇 개인지 구해 보세요. (단, 같은 모양 조각을 여러 번 사용할 수 있습니다.)

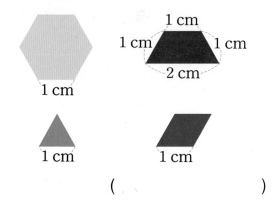

(   )

19
@123쪽
유형10

직사각형 ㄹㄷㅁㅂ의 두 대각선의 길이의 합이 20 cm입니다. 사각형 ㄱㄴㄷㄹ은 정사각형일 때, 사다리꼴 ㄱㄴㅁㄹ의 네 변의 길이의 합은 몇 cm인지 구해 보세요.

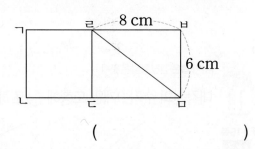

(   )

20
@123쪽
유형11

길이가 72 cm인 철사를 겹치지 않게 사용하여 한 변의 길이가 12 cm인 정다각형을 한 개 만들었습니다. 남은 철사가 없을 때, 만든 정다각형의 이름을 써 보세요.

(   )

01 도형을 보고 알맞은 말에 ○표 해 보세요.

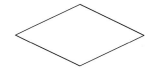

주어진 도형은 (정다각형입니다 ,
정다각형이 아닙니다).
네 (변의 길이 , 각의 크기)가 모두
(같기 , 같지 않기) 때문입니다.

02 정다각형의 변의 수를 세어 보고, 이름을
써 보세요.

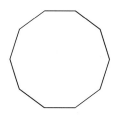

변의 수(개)	정다각형의 이름

03 오른쪽 축구공에서 빨간색으
로 표시한 정다각형의 이름
을 써 보세요.

(   )

04 사각형의 대각선을 바르게 나타낸 것에 ○표
해 보세요.

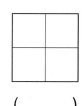   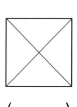

(   )   (   )

05 이름이 다른 다각형을 찾아 써 보세요.

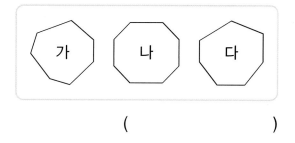

(   )

06 점 종이에 오각형을 그려 보세요.

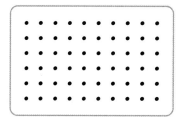

07 다각형에 대해 잘못 설명한 것을 찾아 기호
를 써 보세요.

㉠ 선분으로만 이루어져 있습니다.
㉡ 변의 수에 따라 이름이 정해집니다.
㉢ 변의 길이가 모두 같은 다각형을
    정다각형이라고 합니다.

(   )

08 직사각형 모양의 종이띠를 선을 따라 잘랐
습니다. 잘라 낸 도형 중에서 두 대각선의
길이가 같은 사각형은 모두 몇 개인지 구해
보세요.

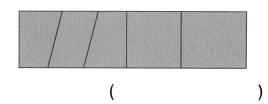

(   )

6
단원

09 대각선을 그을 수 없는 도형은 어느 것인가 요? ( )

① 삼각형   ② 사각형

③ 오각형   ④ 육각형

⑤ 칠각형

12 두 대각선의 길이가 같고 서로 수직으로 만 나는 사각형은 어느 것인가요? ( )

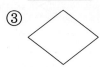

⑤

10~11 한 가지 모양 조각으로 주어진 모양을 겹치지 않게 빈틈없이 채우려고 합니다. 물음에 답해 보세요.

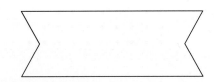

AI가 **뽑은** 정답률 낮은 **문제**

10 ▲ 모양 조각을 사용하면 필요한 모양

⊘118쪽 조각은 모두 몇 개인지 구해 보세요.
유형1
( )

13 ▲ , ◢ , ◣ 모양 조각으로 채울 수 없는 모양을 찾아 기호를 써 보 세요.

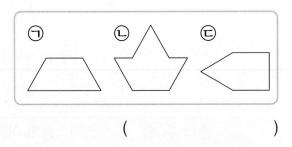

( )

✏️서술형

14 팔각형과 정팔각형의 같은 점을 2가지 써 보세요.

답 ▶
_____

_____

_____

AI가 **뽑은** 정답률 낮은 **문제**

11 ◣ 모양 조각을 사용하면 필요한

⊘118쪽 모양 조각은 모두 몇 개인지 구해 보세요.
유형1
( )

AI가 **뽑은** 정답률 낮은 **문제**

15 육각형의 모든 각의 크기 의 합은 몇 도인지 구해

⊘120쪽 보세요.
유형5

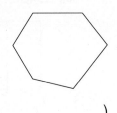

( )

16 주어진 3가지 모양 조각을 모두 한 번씩만 사용하여 정육각형을 겹치지 않게 만들었습니다. 정육각형에서 가장 긴 대각선의 길이는 몇 cm인지 구해 보세요.

2 cm

(   )

AI가 뽑은 정답률 낮은 문제

17 📝서술형

🔗119쪽
유형4

모양 조각 중 몇 가지를 골라 사다리꼴을 만들려고 합니다. 승재, 미연, 지호가 각각 고른 모양 조각으로 사다리꼴을 만들 수 없는 사람은 누구인지 풀이 과정을 쓰고 답을 구해 보세요. (단, 같은 모양 조각은 한 번씩만 사용합니다.)

가   나   다   라

- 승재: 가, 다
- 미연: 나, 다, 라
- 지호: 나, 다

풀이 ▶
_____

_____

_____

답 ▶
_____

AI가 뽑은 정답률 낮은 문제

18

🔗120쪽
유형6

한 변의 길이가 12 cm인 정육각형과 모든 변의 길이의 합이 같은 정팔각형이 있습니다. 이 정팔각형의 한 변의 길이는 몇 cm인지 구해 보세요.

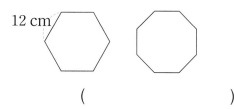

12 cm

(   )

AI가 뽑은 정답률 낮은 문제

19

🔗122쪽
유형9

정육각형 2개를 겹치지 않게 이어 붙여 만든 도형입니다. 정육각형 한 개의 모든 변의 길이의 합이 42 cm일 때, 파란색 굵은 선의 길이는 몇 cm인지 구해 보세요.

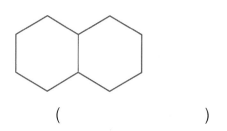

(   )

AI가 뽑은 정답률 낮은 문제

20

🔗123쪽
유형10

사각형 ㄱㄴㄷㄹ과 사각형 ㄹㄷㅁㅂ은 모양과 크기가 같은 직사각형입니다. 직사각형 ㄱㄴㄷㄹ의 두 대각선의 길이의 합이 34 cm일 때, 평행사변형 ㄱㄷㅁㄹ의 네 변의 길이의 합은 몇 cm인지 구해 보세요.

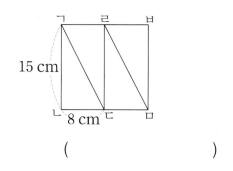

15 cm
8 cm

(   )

6
단원

111

01~02 도형을 보고 물음에 답해 보세요.

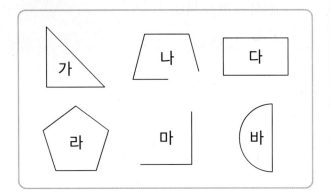

01 다각형을 모두 찾아 써 보세요.

(   )

02 정다각형을 찾아 써 보세요.

(   )

03 팔각형이 아닌 것을 찾아 써 보세요.

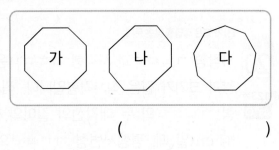

(   )

04 표시된 꼭짓점에서 그을 수 있는 대각선은 모두 몇 개인지 구해 보세요.

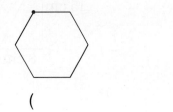

(   )

05 주어진 선분을 이용하여 정육각형을 완성해 보세요.

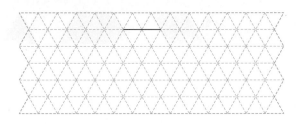

06 주어진 **조건**을 모두 만족하는 도형의 이름을 써 보세요.

┌─ 조건 ─┐
• 선분으로만 둘러싸여 있습니다.
• 변이 7개 있습니다.

(   )

07~08 대각선 수의 규칙을 찾아 팔각형의 대각선은 몇 개인지 구하려고 합니다. 물음에 답해 보세요.

07 빈칸에 알맞은 수를 써넣으세요.

	사각형	오각형	육각형	칠각형
대각선의 수(개)	2	5		

+3   +☐   +☐

08 팔각형의 대각선은 모두 몇 개인지 ☐ 안에 알맞은 수를 써넣으세요.

$2 + 3 + \boxed{} + \boxed{} + \boxed{} = \boxed{}$ (개)

09 모양을 만드는 데 사용한 다각형에 모두 ○표 해 보세요.

삼각형   사각형   육각형

10 변의 수가 가장 많은 것을 찾아 기호를 써 보세요.

⊙ 팔각형   ⓒ 십이각형
ⓒ 십각형   ⓔ 구각형

(   )

11 다음 중 두 대각선이 서로 수직으로 만나는 사각형은 몇 개인지 써 보세요.

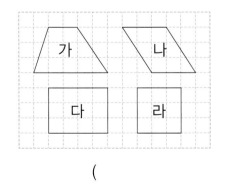

(   )

AI가 뽑은 정답률 낮은 **문제**
12
∂ 118쪽
유형 1

12 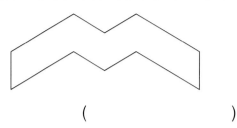 모양 조각으로 주어진 모양을 겹치지 않게 빈틈없이 채우려고 합니다. 모양 조각은 모두 몇 개 필요한지 구해 보세요.

(   )

AI가 뽑은 정답률 낮은 **문제**
13
∂ 118쪽
유형 2

13 사각형의 대각선에 대해 바르게 설명한 것을 찾아 기호를 써 보세요.

⊙ 정사각형의 두 대각선의 길이는 다릅니다.
ⓒ 직사각형은 한 대각선이 다른 대각선을 똑같이 반으로 나눕니다.
ⓒ 평행사변형은 대각선이 4개입니다.

(   )

14 ▲ 모양 조각을 여러 개 사용하여 채울 수 없는 도형을 찾아 기호를 써 보세요.

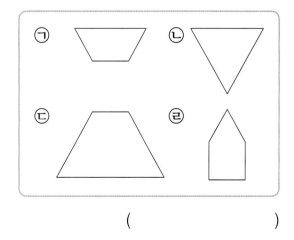

(   )

6 단원

AI가 뽑은 정답률 낮은 문제 📝서술형

15 두 도형의 모든 각의 크기의 합은 몇 도인
120쪽
유형5 지 풀이 과정을 쓰고 답을 구해 보세요.

풀이▶
_____

_____

_____

답▶
_____

16 정사각형 모양 조각 4개를 모두 사용하여
변끼리 서로 맞닿게 이어 붙여 만들 수 있
는 모양은 모두 몇 가지인지 구해 보세요.
(단, 뒤집거나 돌렸을 때 나오는 모양은 같
은 모양으로 생각합니다.)

(   )

17 모양을 만드는 데 사용한 다각형에 대해 바
르게 설명한 것을 찾아 기호를 써 보세요.

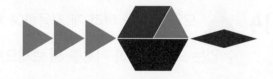

> ㉠ 모양을 만드는 데 삼각형, 사각
> 형, 육각형을 사용했습니다.
> ㉡ 모양을 만드는 데 다각형을 모두
> 6개 사용했습니다.
> ㉢ 모양을 만드는 데 가장 많이 사용
> 한 다각형은 삼각형입니다.

(   )

18 정사각형에서 두 대각선의 길이의 합은 몇
cm인지 구해 보세요.

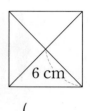
6 cm

(   )

AI가 뽑은 정답률 낮은 문제 📝서술형

19 정사각형과 정삼각형을 이어 붙여 만든 도
122쪽
유형9 형입니다. 정사각형의 모든 변의 길이의 합
이 44 cm일 때, 정삼각형의 모든 변의 길
이의 합은 몇 cm인지 풀이 과정을 쓰고 답
을 구해 보세요.

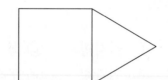

풀이▶
_____

_____

_____

답▶
_____

AI가 뽑은 정답률 낮은 문제

20 길이가 100 cm인 철사를 겹치지 않게 사
123쪽
유형11 용하여 한 변의 길이가 8 cm인 정다각형을
한 개 만들었습니다. 남은 철사가 36 cm일
때 만든 정다각형의 이름을 써 보세요.

(   )

01~02 다각형을 보고 물음에 답해 보세요.

01 변이 모두 몇 개인지 구해 보세요.

( )

02 다각형의 이름을 써 보세요.

( )

03 7개의 선분으로 둘러싸인 다각형의 이름을 써 보세요.

( )

04 다각형이지만 정다각형이 아닌 도형을 모두 찾아 써 보세요.

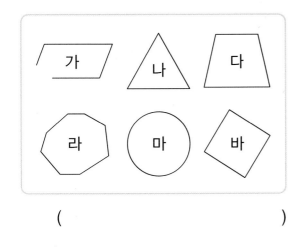

( )

05 육각형을 찾아 써 보세요.

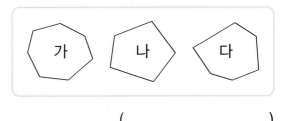

( )

AI가 뽑은 정답률 낮은 문제

06 모양을 만드는 데 사용한 다각형이 아닌 것을 모두 고르세요. ( )

🔗 119쪽
유형 4

① 삼각형   ② 사각형
③ 오각형   ④ 육각형
⑤ 칠각형

07 ㉠과 ㉡의 차는 얼마인지 구해 보세요.

• 구각형의 변은 ㉠개입니다.
• 칠각형의 각은 ㉡개입니다.

( )

08 주어진 조건을 모두 만족하는 도형의 이름을 써 보세요.

조건
• 12개의 선분으로 둘러싸인 도형입니다.
• 변의 길이가 모두 같습니다.
• 각의 크기가 모두 같습니다.

( )

6
단원

09 평행사변형과 정사각형의 공통점으로 알맞은 것은 어느 것인가요? (   )

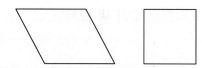

① 두 대각선의 길이가 같습니다.
② 두 대각선이 서로 수직으로 만납니다.
③ 한 대각선이 다른 대각선을 똑같이 둘로 나눕니다.
④ 정다각형입니다.
⑤ 그을 수 있는 대각선은 1개입니다.

[10~11] 도형을 보고 물음에 답해 보세요.

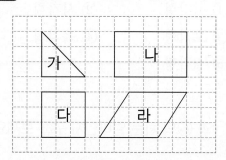

10 두 대각선의 길이가 같은 사각형을 모두 찾아 기호를 써 보세요.
(   )

11 대각선을 그을 수 없는 도형을 찾아 기호를 써 보세요.
(   )

12 다음 도형은 마름모입니다. ☐ 안에 알맞은 수를 써넣으세요.

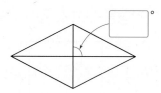

13 ▲ 모양 조각을 2개에서 6개까지 사용하여 만들 수 있는 도형을 모두 찾아 기호를 써 보세요.

㉠ 마름모   ㉡ 정사각형
㉢ 정오각형   ㉣ 직사각형
㉤ 사다리꼴   ㉥ 정육각형

(   )

14 모든 변의 길이의 합이 56 cm인 정팔각형의 한 변의 길이는 몇 cm인지 구해 보세요.
(   )

AI가 뽑은 정답률 낮은 문제   ✏서술형

15 대각선의 수가 많은 것부터 차례대로 쓰려고 합니다. 풀이 과정을 쓰고 답을 구해 보세요.
📎119쪽
유형3

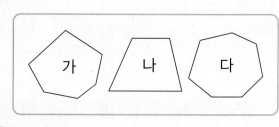

풀이▶ _____
_____
_____

답▶ _____

116

16 주어진 모양 조각을 여러 번 사용하여 모양을 겹치지 않게 빈틈없이 채우려고 합니다. 모양 조각이 모두 몇 개 필요한지 구해 보세요.

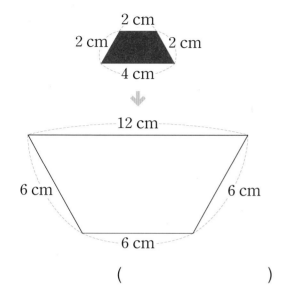

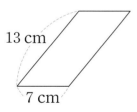

( )

AI가 뽑은 정답률 낮은 문제
17 📎120쪽 유형6 ✏️서술형

17 다음 평행사변형과 네 변의 길이의 합이 같은 정사각형의 한 변의 길이는 몇 cm인지 풀이 과정을 쓰고 답을 구해 보세요.

풀이 ▶
_____
_____
_____

답 ▶
_____

AI가 뽑은 정답률 낮은 문제
18 📎121쪽 유형7

18 주어진 모양 조각 중에서 2가지를 사용하여 정육각형을 채우려고 합니다. 가 모양 조각을 4개 사용한다면 다른 한 가지는 어떤 모양 조각을 몇 개 사용해야 하는지 구해 보세요. (단, 같은 모양 조각을 여러 번 사용할 수 있습니다.)

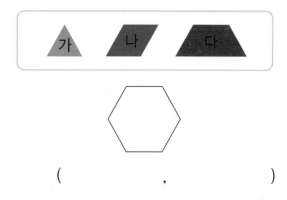

(,)

AI가 뽑은 정답률 낮은 문제
19 📎122쪽 유형8

19 사각형 ㄱㄴㄷㄹ은 평행사변형입니다. 삼각형 ㄱㄴㅁ의 세 변의 길이의 합은 몇 cm인지 구해 보세요.

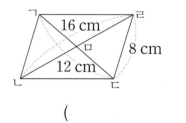

( )

AI가 뽑은 정답률 낮은 문제
20 📎123쪽 유형11

20 길이가 123 cm인 끈을 두 도막으로 잘랐습니다. 그중 한 도막을 겹치지 않게 모두 사용하여 한 변의 길이가 4 cm인 정육각형을 만들었습니다. 다른 한 도막을 겹치지 않게 모두 사용하여 한 변의 길이가 11 cm인 정다각형을 만들었을 때 이 정다각형의 이름을 써 보세요.

( )

6 단원

🔗 1회 13번 🔗 2회 10, 11번 🔗 3회 12번

유형 1 한 모양 조각으로 빈틈없이 채우기

주어진 모양을 겹치지 않게 빈틈없이 채우려면 ▱ 모양 조각은 모두 몇 개 필요한지 구해 보세요.

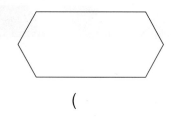

(   )

❶ Tip 빈틈없이 겹치지 않게 모양 조각을 채워요.

1-1 주어진 모양을 겹치지 않게 빈틈없이 채우려면 ▰ 모양 조각은 모두 몇 개 필요한지 구해 보세요.

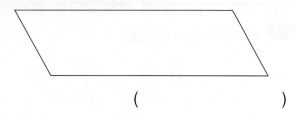

(   )

1-2 보기의 정삼각형 모양 조각을 여러 개 사용하여 오른쪽 마름모를 채우려고 합니다. 모양 조각은 모두 몇 개 필요한지 구해 보세요.

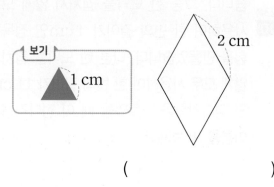

보기 ▲ 1 cm

2 cm

(   )

🔗 3회 13번

유형 2 대각선 이해하기

대각선에 대해 잘못 말한 사람은 누구인지 이름을 써 보세요.

- 진수: 모든 다각형에 대각선을 그을 수는 없어.
- 도하: 원에 그을 수 있는 대각선은 무수히 많아.

(   )

❶ Tip 대각선은 다각형에서만 그을 수 있어요.

2-1 사각형의 대각선에 대해 바르게 설명한 것을 찾아 기호를 써 보세요.

㉠ 직사각형의 두 대각선은 서로 수직으로 만납니다.
㉡ 마름모의 두 대각선은 길이가 같습니다.
㉢ 평행사변형의 한 대각선은 다른 대각선을 똑같이 둘로 나눕니다.

(   )

2-2 두 사각형의 같은 점이 아닌 것을 찾아 기호를 써 보세요.

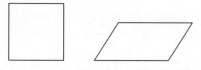

㉠ 그을 수 있는 대각선의 수가 같습니다.
㉡ 두 대각선이 서로 수직으로 만납니다.

(   )

⬗ 1회 11, 12번 ⬗ 4회 15번

유형 3 대각선의 수 구하기

정팔각형에 그을 수 있는 대각선은 모두 몇 개인지 구해 보세요.

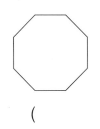

(   )

❶Tip 대각선은 서로 이웃하지 않는 두 꼭짓점을 이은 선분이에요.

3-1 정육각형의 대각선의 수와 칠각형의 대각선의 수의 합은 모두 몇 개인지 구해 보세요.

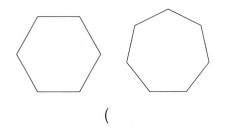

(   )

3-2 다음이 설명하는 도형에 그을 수 있는 대각선은 모두 몇 개인지 구해 보세요.

> • 변이 5개입니다.
> • 각의 크기가 모두 같습니다.
> • 변의 길이가 모두 같습니다.

(   )

⬗ 1회 15번 ⬗ 2회 17번 ⬗ 4회 6번

유형 4 모양 조각으로 도형 만들기

주어진 모양 조각을 한 번씩 모두 사용하여 만들 수 있는 모양을 찾아 기호를 써 보세요.

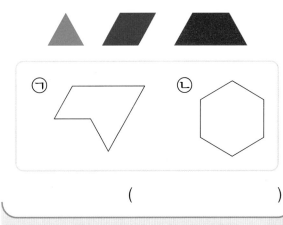

(   )

❶Tip 모양 조각을 겹치지 않게 한 번씩 모두 사용하여 모양을 만들 수 있는지 확인해요.

4-1 다음 모양을 만드는 데 사용하지 않는 모양 조각을 찾아 써 보세요. (단, 같은 모양 조각은 한 번씩만 사용합니다.)

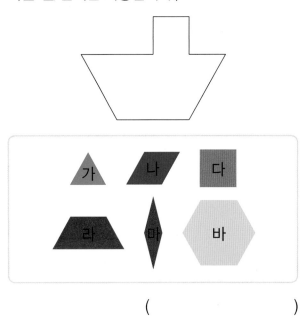

(   )

6 단원

🔗 2회 15번 🔗 3회 15번

유형 5 다각형의 각의 크기의 합 구하기

칠각형의 모든 각의 크기의 합은 몇 도인지 구해 보세요.

(   )

❶ Tip 한 꼭짓점에서 대각선을 그어 나누어진 삼각형을 이용해요.

5 -1 팔각형의 모든 각의 크기의 합은 몇 도인지 구해 보세요.

(   )

5 -2 구각형의 모든 각의 크기의 합은 몇 도인지 구해 보세요.

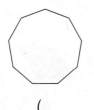

(   )

5 -3 두 도형의 모든 각의 크기의 합은 몇 도인지 구해 보세요.

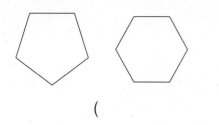

(   )

🔗 2회 18번 🔗 4회 17번

유형 6 정다각형의 한 변의 길이 구하기

모든 변의 길이의 합이 112 cm인 정팔각형의 한 변의 길이는 몇 cm인지 구해 보세요.

(   )

❶ Tip 모든 변의 길이의 합을 다각형의 변의 개수로 나누어요.

6 -1 모든 변의 길이의 합이 120 cm인 정십각형의 한 변의 길이는 몇 cm인지 구해 보세요.

(   )

6 -2 모든 변의 길이의 합이 132 cm인 정십이각형의 한 변의 길이는 몇 cm인지 구해 보세요.

(   )

6 -3 한 변의 길이가 20 cm인 정사각형과 모든 변의 길이의 합이 같은 정오각형이 있습니다. 이 정오각형의 한 변의 길이는 몇 cm인지 구해 보세요.

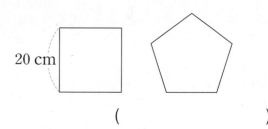

20 cm

(   )

🔗 1회 14번 🔗 4회 18번

유형 7 여러 모양 조각으로 빈틈없이 채우기

주어진 모양 조각 중에서 2가지를 사용하여 정삼각형을 채우려고 합니다. 나 모양 조각을 2개 사용한다면 다른 한 가지는 어떤 모양 조각을 몇 개 사용해야 하는지 구해 보세요. (단, 같은 모양 조각을 여러 번 사용할 수 있습니다.)

(,   )

⊕Tip 빈틈없이 겹치지 않게 모양 조각을 채워요.

7-1 주어진 모양 조각 중에서 2가지를 사용하여 정육각형을 채워 보세요. (단, 같은 모양 조각을 여러 번 사용할 수 있습니다.)

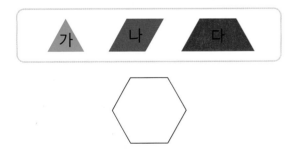

7-2 주어진 모양 조각 중에서 2가지를 사용하여 평행사변형을 채우려고 합니다. 다 모양 조각을 1개 사용한다면 다른 한 가지는 어떤 모양 조각을 몇 개 사용해야 하는지 구해 보세요. (단, 같은 모양 조각을 여러 번 사용할 수 있습니다.)

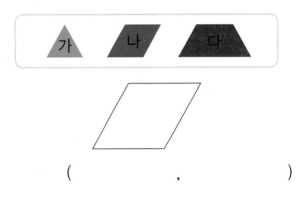

(,   )

7-3 보기의 모양 조각을 모두 사용하여 주어진 모양을 채우려면 ▲ 모양 조각은 몇 개 필요한지 구해 보세요. (단, 같은 모양 조각을 여러 번 사용할 수 있습니다.)

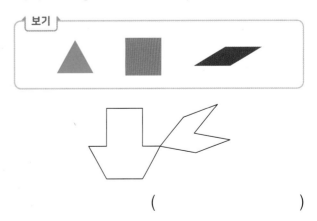

(   )

🔗 1회 16번 🔗 4회 19번

유형 8 삼각형의 세 변의 길이의 합 구하기

사각형 ㄱㄴㄷㄹ은 평행사변형입니다. 삼각형 ㄱㄴㅁ의 세 변의 길이의 합은 몇 cm인지 구해 보세요.

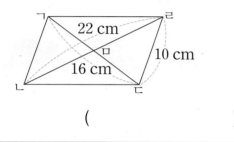

(   )

❶Tip 평행사변형의 한 대각선은 다른 대각선을 똑같이 둘로 나누는 것을 이용해요.

8-1 사각형 ㄱㄴㄷㄹ은 직사각형입니다. 삼각형 ㄹㅁㄷ의 세 변의 길이의 합은 몇 cm인지 구해 보세요.

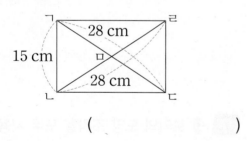

(   )

8-2 사각형 ㄱㄴㄷㄹ은 평행사변형입니다. 삼각형 ㄴㄷㄹ의 세 변의 길이의 합은 몇 cm인지 구해 보세요.

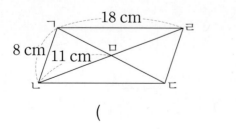

(   )

🔗 2회 19번 🔗 3회 19번

유형 9 정다각형의 모든 변의 길이의 합 구하기

정육각형과 정삼각형을 이어 붙여 만든 도형입니다. 정삼각형의 모든 변의 길이의 합이 15 cm일 때, 정육각형의 모든 변의 길이의 합은 몇 cm인지 구해 보세요.

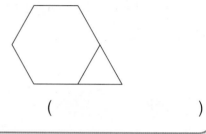

(   )

❶Tip 정다각형은 모든 변의 길이가 같음을 이용해요.

9-1 정육각형과 정오각형을 이어 붙여 만든 도형입니다. 정육각형의 모든 변의 길이의 합이 36 cm일 때, 정오각형의 모든 변의 길이의 합은 몇 cm인지 구해 보세요.

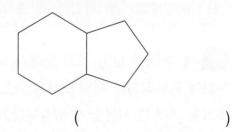

(   )

9-2 정다각형 3개를 겹치지 않게 이어 붙여 만든 도형입니다. 빨간색 굵은 선의 길이가 90 cm일 때, 나 도형의 모든 변의 길이의 합은 몇 cm인지 구해 보세요.

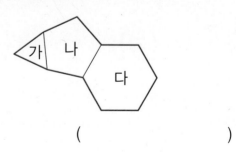

(   )

⊘ 1회 19번 ⊘ 2회 20번

유형 10 도형의 모든 변의 길이의 합 구하기

직사각형 ㄱㄴㄷㄹ의 두 대각선의 길이의 합은 52 cm입니다. 사각형 ㄹㄷㅁㅂ이 정사각형일 때, 사다리꼴 ㄹㄴㄷㅁㅂ의 네 변의 길이의 합은 몇 cm인지 구해 보세요.

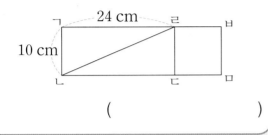

(   )

❶Tip 직사각형은 두 대각선의 길이가 같음을 이용해요.

10-1 직사각형 ㄱㄴㄷㄹ의 두 대각선의 길이의 합은 40 cm입니다. 사각형 ㄹㄷㅁㅂ이 정사각형일 때, 사다리꼴 ㄱㄷㅁㅂ의 네 변의 길이의 합은 몇 cm인지 구해 보세요.

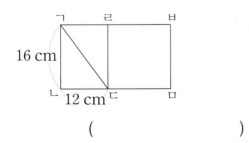

(   )

10-2 사각형 ㄱㄴㄷㄹ과 사각형 ㄹㄷㅁㅂ은 모양과 크기가 같은 직사각형입니다. 직사각형 ㄱㄴㄷㄹ의 두 대각선의 길이의 합이 20 cm일 때, 삼각형 ㄹㄴㅁ의 세 변의 길이의 합은 몇 cm인지 구해 보세요.

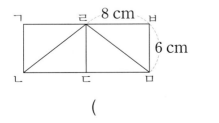

(   )

⊘ 1회 20번 ⊘ 3회 20번 ⊘ 4회 20번

유형 11 정다각형 이해하기

길이가 90 cm인 철사를 겹치지 않게 사용하여 한 변의 길이가 5 cm인 정다각형을 한 개 만들었습니다. 남은 철사가 50 cm일 때, 만든 정다각형의 이름을 써 보세요.

(   )

❶Tip 사용한 철사의 길이를 먼저 구하고, 정다각형은 모든 변의 길이가 같음을 이용해요.

11-1 길이가 60 cm인 끈을 겹치지 않게 사용하여 한 변의 길이가 7 cm인 정다각형을 한 개 만들었습니다. 남은 끈이 18 cm일 때, 만든 정다각형의 이름을 써 보세요.

(   )

11-2 길이가 150 cm인 철사를 겹치지 않게 사용하여 한 변의 길이가 9 cm인 정다각형을 한 개 만들었습니다. 남은 철사가 60 cm일 때, 만든 정다각형의 이름을 써 보세요.

(   )

11-3 철사를 겹치지 않게 모두 사용하여 한 변의 길이가 8 cm인 정구각형을 만들었습니다. 이 철사와 같은 길이의 철사를 겹치지 않게 모두 사용하여 한 변의 길이가 6 cm인 정다각형을 한 개 만들려고 합니다. 만들려고 하는 정다각형의 이름을 써 보세요.

(   )

6
단원

MEMO

아이와 평생
함께할 습관을
만듭니다.

아이스크림 홈런 2.0
공부를 좋아하는 습관

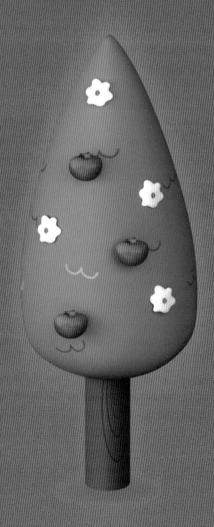

기본을 단단하게
나만의 속도로
무엇보다 재미있게

i-Scream edu

아이스크림
더
실전

정답 및 풀이

수학

4·2

i-Scream edu

정답 및 풀이

1단원 분수의 덧셈과 뺄셈

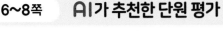

01 2, 3　　02 6, 4, 2, 6, 4, 2

03 $3\frac{1}{5}$　　04 $1\frac{1}{6}$　　05 $2\frac{2}{9}$

06 풀이 참고　07 <　　08 $\frac{4}{7}$

09 ㉠　　10 재한　　11 $4\frac{3}{9}$ cm

12 $1\frac{13}{20}$ kg　13 $2\frac{5}{12}$시간　14 $2\frac{2}{5}$ m

15 $4\frac{17}{25}$ km　16 $3\frac{4}{6}$　　17 ㉡

18 풀이 참고, $\frac{1}{7}$, $\frac{4}{7}$

19 3, $\frac{7}{9}$　　20 $9\frac{1}{10}$ g

06 예 분모가 같은 분수의 덧셈은 분모는 그대로 쓰고 분자끼리 더해야 하는데, 분모끼리도 더했습니다. ❶

$$\frac{7}{14}+\frac{8}{14}=\frac{7+8}{14}=\frac{15}{14}=1\frac{1}{14}$$ ❷

채점 기준	
❶ 계산이 잘못된 이유 쓰기	2점
❷ 바르게 계산하기	3점

14 (송이가 가지고 있는 색 테이프의 길이)
　─(재하가 가지고 있는 색 테이프의 길이)
$$=3\frac{1}{5}-\frac{4}{5}=\frac{16}{5}-\frac{4}{5}=\frac{12}{5}=2\frac{2}{5}(m)$$

15 (병원에서 우체국까지의 거리)
$$=9\frac{3}{25}-4\frac{11}{25}=8\frac{28}{25}-4\frac{11}{25}=4\frac{17}{25}(km)$$

16 수직선에서 작은 눈금 한 칸은 $\frac{1}{6}$을 나타내므로

㉠은 $1\frac{2}{6}$, ㉡은 $2\frac{2}{6}$입니다.

따라서 ㉠과 ㉡이 나타내는 분수의 합은

$1\frac{2}{6}+2\frac{2}{6}=3\frac{4}{6}$입니다.

17 $4\frac{5}{13}$와 더하여 5가 되려면 진분수 부분에서 분자끼리의 합이 13이 되고, 자연수끼리의 합이 $5-1=4$가 되어야 합니다.

따라서 찾는 수는 ㉡ $\frac{8}{13}$입니다.

다른 풀이 $4\frac{5}{13}+\square=5$인 $\square$를 구합니다.

$$\square=5-4\frac{5}{13}=\frac{65}{13}-\frac{57}{13}=\frac{8}{13}$$

18 예 두 진분수의 합이 $\frac{5}{7}$, 차가 $\frac{3}{7}$이려면 두 진분수의 분자의 합이 5, 차가 3이어야 합니다. ❶
합이 5, 차가 3인 두 자연수는 1과 4이므로 구하는 두 진분수는 $\frac{1}{7}$, $\frac{4}{7}$입니다. ❷

채점 기준	
❶ 합이 $\frac{5}{7}$, 차가 $\frac{3}{7}$인 두 진분수에 대한 조건 알기	2점
❷ 두 진분수 구하기	3점

19 (통 1개에 담고 남는 콩의 양)
$$=11\frac{4}{9}-3\frac{5}{9}=10\frac{13}{9}-3\frac{5}{9}=7\frac{8}{9}(kg)$$
(통 2개에 담고 남는 콩의 양)
$$=7\frac{8}{9}-3\frac{5}{9}=4\frac{3}{9}(kg)$$
(통 3개에 담고 남는 콩의 양)
$$=4\frac{3}{9}-3\frac{5}{9}=3\frac{12}{9}-3\frac{5}{9}=\frac{7}{9}(kg)$$
따라서 콩을 3통까지 담을 수 있고, 남는 콩은
$\frac{7}{9}$ kg입니다.

20 (유리구슬 2개의 무게)
　=(유리구슬 4개를 넣은 상자의 무게)
　　─(유리구슬 2개를 꺼낸 상자의 무게)
$$=20\frac{9}{10}-2\frac{7}{10}=18\frac{2}{10}(g)$$
따라서 유리구슬 2개의 무게는 $18\frac{2}{10}=\frac{182}{10}(g)$
이고 $\frac{182}{10}=\frac{91}{10}+\frac{91}{10}$이므로 유리구슬 1개의 무
게는 $\frac{91}{10}=9\frac{1}{10}(g)$입니다.

정답 및 풀이

9~11쪽 AI가 추천한 단원 평가 2회

01 7, 2, 5
02 30, 6, 24, 2, 4
03 1, 3, 2, 7, 2, 1, 2, 3, 2
04 9, 8, 17, 3, 2
05 $\dfrac{5}{8}$
06 $2\dfrac{2}{6}$
07 $4\dfrac{2}{5}$
08 $1\dfrac{3}{12}$
09 >
10 ④
11 ⓒ
12 (선 연결)
13 $5\dfrac{6}{7}$ m
14 풀이 참고, $\dfrac{39}{44}$
15 풀이 참고, $5\dfrac{5}{10}$
16 $3\dfrac{1}{11}$
17 버스, $\dfrac{2}{12}$시간
18 $\dfrac{6}{8}$ L
19 $\dfrac{5}{17}$ m
20 135쪽

09 $5\dfrac{6}{12}-4\dfrac{4}{12}=(5-4)+\left(\dfrac{6}{12}-\dfrac{4}{12}\right)$

$\qquad\qquad =1+\dfrac{2}{12}=1\dfrac{2}{12}$

$5\dfrac{8}{12}-\dfrac{55}{12}=\dfrac{68}{12}-\dfrac{55}{12}=\dfrac{13}{12}=1\dfrac{1}{12}$

➡ $5\dfrac{6}{12}-4\dfrac{4}{12}>5\dfrac{8}{12}-\dfrac{55}{12}$

10 $\dfrac{11}{13}$보다 $\dfrac{6}{13}$만큼 더 큰 수는

$\dfrac{11}{13}+\dfrac{6}{13}=\dfrac{17}{13}=1\dfrac{4}{13}$입니다.

11 ㉠ $11-5\dfrac{2}{5}=\dfrac{55}{5}-\dfrac{27}{5}=\dfrac{28}{5}=5\dfrac{3}{5}$

ⓒ $9-4\dfrac{4}{5}=\dfrac{45}{5}-\dfrac{24}{5}=\dfrac{21}{5}=4\dfrac{1}{5}$

따라서 계산 결과가 5보다 작은 뺄셈식은 ⓒ입니다.

12 $\dfrac{3}{8}+\dfrac{4}{8}=\dfrac{7}{8}$, $\dfrac{5}{8}+\dfrac{1}{8}=\dfrac{6}{8}$, $\dfrac{2}{8}+\dfrac{6}{8}=\dfrac{8}{8}=1$

13 (오성이와 재윤이가 가지고 있는 리본의 길이)

$=2\dfrac{4}{7}+3\dfrac{2}{7}=5\dfrac{6}{7}$(m)

14 예 $\dfrac{1}{44}$이 50개인 수는 $\dfrac{50}{44}$입니다. ❶

$\dfrac{50}{44}=1\dfrac{6}{44}$이고, $2\dfrac{1}{44}>1\dfrac{6}{44}$이므로

설명하는 수와 $2\dfrac{1}{44}$의 차는

$2\dfrac{1}{44}-1\dfrac{6}{44}=1\dfrac{45}{44}-1\dfrac{6}{44}$

$\qquad\qquad =(1-1)+\left(\dfrac{45}{44}-\dfrac{6}{44}\right)$

$\qquad\qquad =\dfrac{39}{44}$입니다. ❷

채점 기준

❶ $\dfrac{1}{44}$이 50개인 수 구하기	2점
❷ 두 수의 차 구하기	3점

15 예 $3\dfrac{1}{10}>3>2\dfrac{5}{10}>2\dfrac{4}{10}$이므로 가장 큰 수는

$3\dfrac{1}{10}$, 가장 작은 수는 $2\dfrac{4}{10}$입니다. ❶

따라서 가장 큰 수와 가장 작은 수의 합은

$3\dfrac{1}{10}+2\dfrac{4}{10}=(3+2)+\left(\dfrac{1}{10}+\dfrac{4}{10}\right)$

$\qquad\qquad =5+\dfrac{5}{10}=5\dfrac{5}{10}$입니다. ❷

채점 기준

❶ 가장 큰 수와 가장 작은 수 각각 구하기	2점
❷ 가장 큰 수와 가장 작은 수의 합 구하기	3점

16 어떤 대분수를 □라고 하면

□$+3\dfrac{6}{11}=6\dfrac{7}{11}$입니다.

➡ □$=6\dfrac{7}{11}-3\dfrac{6}{11}=3\dfrac{1}{11}$

17 $2\dfrac{1}{12}=\dfrac{25}{12}$이므로 $\dfrac{23}{12}<2\dfrac{1}{12}$입니다.

따라서 버스로 가는 것이

$2\dfrac{1}{12}-\dfrac{23}{12}=\dfrac{25}{12}-\dfrac{23}{12}=\dfrac{2}{12}$(시간) 더 빠릅니다.

18 (남은 물의 양)

$=3\dfrac{4}{8}-1\dfrac{5}{8}-1\dfrac{1}{8}=\dfrac{28}{8}-\dfrac{13}{8}-\dfrac{9}{8}=\dfrac{6}{8}$(L)

19 (변 ㄱㄷ의 길이)

$=1-\dfrac{5}{17}-\dfrac{7}{17}=\dfrac{17}{17}-\dfrac{5}{17}-\dfrac{7}{17}=\dfrac{5}{17}$(m)

20 남은 쪽수는 전체의

$1-\dfrac{3}{9}-\dfrac{5}{9}=\dfrac{9}{9}-\dfrac{3}{9}-\dfrac{5}{9}=\dfrac{1}{9}$입니다.

따라서 전체를 9로 나눈 것 중의 1만큼이 15쪽이므로 영어책의 전체 쪽수는 $15\times9=135$(쪽)입니다.

01 2, 4 **02** 6, 7, 13, 2, 3

03 $3\frac{2}{11}$ **04** $1\frac{1}{6}$ **05** ㉠

06 $5\frac{5}{7}$

07 $1\frac{2}{6}+2\frac{3}{6}=(1+2)+\left(\frac{2}{6}+\frac{3}{6}\right)=3+\frac{5}{6}=3\frac{5}{6}$

08 ㉡ **09** (위에서부터) $2\frac{8}{9}$, $3\frac{6}{9}$

10 ① **11** (   )(○)
             (   )(○)

12 $1\frac{8}{11}$ kg **13** $1\frac{4}{18}$

14 풀이 참고, $2\frac{2}{9}$ m **15** $\frac{9}{11}$

16 $1\frac{2}{5}$ L **17** 15

18 풀이 참고, $4\frac{5}{13}$ **19** 12 cm

20 11

---

10 ① $\frac{4}{24}$ ②, ③, ④, ⑤ $\frac{3}{24}$

12 (예지와 도겸이가 딴 딸기의 무게)
$$=\frac{9}{11}+\frac{10}{11}=\frac{19}{11}=1\frac{8}{11}(\text{kg})$$

13 ㉠$=\frac{10}{18}+\frac{12}{18}=\frac{22}{18}=1\frac{4}{18}$

14 예 (직사각형의 세로)=(직사각형의 가로)$-2\frac{5}{9}$ ❶

따라서 직사각형의 세로는
$$4\frac{7}{9}-2\frac{5}{9}=(4-2)+\left(\frac{7}{9}-\frac{5}{9}\right)$$
$$=2+\frac{2}{9}=2\frac{2}{9}(\text{m})\text{입니다.} ❷$$

채점 기준

❶ 직사각형의 세로 구하는 방법 알기	2점
❷ 직사각형의 세로 구하기	3점

15 분모가 11인 진분수는 $\frac{1}{11}$, $\frac{2}{11}$, $\frac{3}{11}$, $\frac{4}{11}$, $\frac{5}{11}$,

$\frac{6}{11}$, $\frac{7}{11}$, $\frac{8}{11}$, $\frac{9}{11}$, $\frac{10}{11}$이므로 가장 큰 진분수

는 $\frac{10}{11}$, 가장 작은 진분수는 $\frac{1}{11}$입니다.

따라서 두 진분수의 차는 $\frac{10}{11}-\frac{1}{11}=\frac{9}{11}$입니다.

---

16 (남은 우유의 양)
$$=2-\frac{2}{5}-\frac{1}{5}=\frac{10}{5}-\frac{2}{5}-\frac{1}{5}=\frac{7}{5}=1\frac{2}{5}(\text{L})$$

17 $\frac{7}{25}+\frac{\square}{25}=\frac{7+\square}{25}$이므로 $\frac{7+\square}{25}<\frac{23}{25}$에서

$7+\square<23$을 만족하는 □ 중에서 가장 큰 수를
구합니다.

$7+\square=23$이라고 하면 $\square=16$이므로 □ 안에
들어갈 수 있는 자연수는 16보다 작은 수이고, 그
중에서 가장 큰 수는 15입니다.

18 예 어떤 대분수를 □라고 하면 $\square+2\frac{10}{13}=9\frac{12}{13}$

에서 $\square=9\frac{12}{13}-2\frac{10}{13}=7\frac{2}{13}$이므로 어떤 대분

수는 $7\frac{2}{13}$입니다. ❶

따라서 바르게 계산하면

$7\frac{2}{13}-2\frac{10}{13}=6\frac{15}{13}-2\frac{10}{13}=4\frac{5}{13}$입니다. ❷

채점 기준

❶ 어떤 대분수 구하기	2점
❷ 바르게 계산하기	3점

19 (색 테이프 3장의 길이의 합)
$$=5\frac{1}{7}+5\frac{1}{7}+5\frac{1}{7}=15\frac{3}{7}(\text{cm})$$

(겹쳐진 부분의 길이의 합)
$$=1\frac{5}{7}+1\frac{5}{7}=\frac{12}{7}+\frac{12}{7}=\frac{24}{7}=3\frac{3}{7}(\text{cm})$$

따라서 이어 붙여 만든 색 테이프의 전체 길이는

$15\frac{3}{7}-3\frac{3}{7}=12(\text{cm})$입니다.

20 가장 큰 대분수를 만들려면 자연수 부분에 가장 큰
수인 15를, 분자에 두 번째로 큰 수인 7을 놓습
니다.

가장 작은 대분수를 만들려면 자연수 부분에 가장
작은 수인 4를, 분자에 두 번째로 작은 수인 7을
놓습니다.

따라서 분모가 9인 가장 큰 대분수는 $15\frac{7}{9}$, 가장

작은 대분수는 $4\frac{7}{9}$이므로 두 수의 차는

$15\frac{7}{9}-4\frac{7}{9}=11$입니다.

정답 및 풀이

01 예 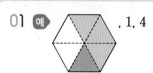 , 1, 4

02 18, 18, 13, 5, 18, 13, 5

03 $1\frac{2}{4}$ 04 $4\frac{4}{9}$ 05 $7\frac{9}{12}$

06 (위에서부터) $\frac{8}{20}$, $\frac{5}{20}$, $\frac{7}{20}$, $\frac{4}{20}$

07 풀이 참고, $\frac{10}{19}$ 08 >

09 $\frac{9}{20}$ L   10 $2\frac{3}{5}$ m   11 $7\frac{1}{19}$

12 $8\frac{3}{9}$ 13 $3\frac{6}{11}$

14 미진, $2\frac{1}{13}$ cm   15 $\frac{13}{17}$

16 풀이 참고, $2\frac{2}{4}$ L   17 $2\frac{4}{9}$ km

18 1, 7 / $3\frac{16}{22}$ 19 9   20 1시간 40분

---

07 예 ㉠ $\frac{1}{19}$이 9개인 수는 $\frac{9}{19}$입니다.」❶

$\frac{9}{19}<1$이므로 ㉠과 ㉡의 차는

$1-\frac{9}{19}=\frac{19}{19}-\frac{9}{19}=\frac{10}{19}$입니다.」❷

채점 기준	
❶ ㉠이 나타내는 수 구하기	2점
❷ ㉠과 ㉡의 차 구하기	3점

11 자연수 부분이 5이고 분모가 19인 가장 큰 대분수
는 $5\frac{18}{19}$입니다.

➡ $13-5\frac{18}{19}=12\frac{19}{19}-5\frac{18}{19}=7\frac{1}{19}$

12 가장 큰 수는 $5\frac{1}{9}$이고, 가장 작은 수는 $3\frac{2}{9}$입니다.

따라서 두 수의 합은 $5\frac{1}{9}+3\frac{2}{9}=8\frac{3}{9}$입니다.

13 어떤 대분수를 □라고 하면

□$+2\frac{7}{11}=6\frac{2}{11}$입니다.

➡ □$=6\frac{2}{11}-2\frac{7}{11}=5\frac{13}{11}-2\frac{7}{11}=3\frac{6}{11}$

---

14 $28\frac{10}{13}>26\frac{9}{13}$이므로 미진이가

$28\frac{10}{13}-26\frac{9}{13}=2\frac{1}{13}$(cm) 더 높이 쌓았습니다.

15 분모가 17인 분수 중에서 $\frac{5}{17}$보다 크고 $\frac{8}{17}$보다

작은 수는 $\frac{6}{17}$, $\frac{7}{17}$입니다.

따라서 두 수를 더하면 $\frac{6}{17}+\frac{7}{17}=\frac{13}{17}$입니다.

16 예 지훈이가 마신 우유는 $\frac{3}{4}+1=1\frac{3}{4}$(L)입니
다..」❶

따라서 영현이와 지훈이가 마신 우유는 모두
$\frac{3}{4}+1\frac{3}{4}=\frac{3}{4}+\frac{7}{4}=\frac{10}{4}=2\frac{2}{4}$(L)입니다..」❷

채점 기준	
❶ 지훈이가 마신 우유의 양 구하기	2점
❷ 영현이와 지훈이가 마신 우유의 양 구하기	3점

17 (은행에서 우체국까지의 거리)

$=5\frac{3}{9}-2\frac{8}{9}=\frac{48}{9}-\frac{26}{9}=\frac{22}{9}=2\frac{4}{9}$(km)

18 계산 결과가 가장 작으려면 빼지는 수가 가장 작고
빼는 수가 가장 커야 합니다.

빼지는 수의 분자에 가장 작은 수인 1을, 빼는 수
의 분자에 가장 큰 수인 7을 써넣어야 합니다.

➡ $8\frac{1}{22}-4\frac{7}{22}=7\frac{23}{22}-4\frac{7}{22}=3\frac{16}{22}$

19 $1\frac{5}{11}★3\frac{4}{11}=1\frac{5}{11}+4\frac{2}{11}+3\frac{4}{11}$

$=8+\frac{11}{11}=8+1=9$

20 하루는 24시간이므로 이날 밤의 길이는

$24-11\frac{10}{60}=23\frac{60}{60}-11\frac{10}{60}=12\frac{50}{60}$(시간)
입니다.

따라서 이날 밤의 길이는 낮의 길이보다
$12\frac{50}{60}-11\frac{10}{60}=1\frac{40}{60}$(시간),

즉 1시간 40분 더 깁니다.

틀린 유형 다시 보기

유형 1 $\dfrac{25}{26}$	1-1 $\dfrac{4}{12}$	1-2 ③
유형 2 $68\dfrac{4}{5}$ kg	2-1 $\dfrac{8}{10}$ L	2-2 $1\dfrac{3}{13}$ kg
2-3 $3\dfrac{1}{7}$ m	유형 3 $4\dfrac{5}{6}$ L	3-1 $\dfrac{12}{25}$ kg
3-2 $\dfrac{7}{10}$ m	3-3 $1\dfrac{11}{12}$ 시간	
유형 4 $2\dfrac{9}{11}$	4-1 $5\dfrac{3}{5}$	4-2 $\dfrac{14}{22}$
4-3 $1\dfrac{5}{7}$	유형 5 ㉠, ㉢	5-1 ㉢
5-2 ㉠, ㉢	유형 6 $2\dfrac{3}{15}$	6-1 $2\dfrac{3}{6}$
6-2 $12\dfrac{1}{9}$	6-3 $8\dfrac{2}{7}$	유형 7 1, 3 / $9\dfrac{6}{9}$
7-1 $5\dfrac{5}{13}$	7-2 $\dfrac{3}{8}$	7-3 $2\dfrac{5}{12}$
유형 8 $\dfrac{1}{9}$, $\dfrac{5}{9}$	8-1 $\dfrac{5}{10}$, $\dfrac{8}{10}$	8-2 $\dfrac{4}{8}$
8-3 예 $\dfrac{10}{10}+\dfrac{14}{10}$, $\dfrac{11}{10}+\dfrac{13}{10}$, $\dfrac{12}{10}+\dfrac{12}{10}$		
유형 9 1, 2, 3, 4, 5	9-1 1	
9-2 1, 2	9-3 12	유형 10 2, $\dfrac{4}{5}$
10-1 3, $\dfrac{12}{25}$	10-2 4, $\dfrac{1}{20}$	
유형 11 8, 7, 1, 4 / $7\dfrac{3}{9}$		
11-1 9, 6, 1, 4 / $8\dfrac{2}{11}$	11-2 $1\dfrac{3}{7}$	
유형 12 169쪽	12-1 112쪽	12-2 300 mL
12-3 1500 g		

유형 1 가장 큰 수는 $\dfrac{21}{26}$, 가장 작은 수는 $\dfrac{4}{26}$입니다.

따라서 두 수의 합은 $\dfrac{21}{26}+\dfrac{4}{26}=\dfrac{25}{26}$입니다.

1-1 가장 큰 수는 1, 가장 작은 수는 $\dfrac{8}{12}$입니다.

따라서 두 수의 차는

$1-\dfrac{8}{12}=\dfrac{12}{12}-\dfrac{8}{12}=\dfrac{4}{12}$입니다.

참고 1은 $\dfrac{\blacksquare}{\blacksquare}$로 나타낼 수 있습니다.

1-2 $\dfrac{15}{8}=1\dfrac{7}{8}$이므로 가장 큰 수는 $2\dfrac{1}{8}$, 가장 작은 수는 $1\dfrac{2}{8}$입니다.

따라서 두 수의 합은 $2\dfrac{1}{8}+1\dfrac{2}{8}=3\dfrac{3}{8}$입니다.

참고 대분수와 가분수의 크기 비교는 대분수로 통일하거나 가분수로 통일하여 크기를 비교합니다.

유형 2 (언니의 몸무게)

$=$(수지의 몸무게)$+4\dfrac{2}{5}$

$=32\dfrac{1}{5}+4\dfrac{2}{5}=36\dfrac{3}{5}$(kg)

따라서 수지와 언니의 몸무게의 합은

$32\dfrac{1}{5}+36\dfrac{3}{5}=68\dfrac{4}{5}$(kg)입니다.

2-1 (오늘 마신 토마토주스의 양)

$=$(어제 마신 토마토주스의 양)$+\dfrac{2}{10}$

$=\dfrac{3}{10}+\dfrac{2}{10}=\dfrac{5}{10}$(L)

따라서 정우가 어제와 오늘 마신 토마토주스는 모두 $\dfrac{3}{10}+\dfrac{5}{10}=\dfrac{8}{10}$(L)입니다.

2-2 (재아가 모은 헌 종이의 무게)

$=$(승원이가 모은 헌 종이의 무게)$+\dfrac{2}{13}$

$=\dfrac{7}{13}+\dfrac{2}{13}=\dfrac{9}{13}$(kg)

따라서 승원이와 재아가 모은 헌 종이는 모두 $\dfrac{7}{13}+\dfrac{9}{13}=\dfrac{16}{13}=1\dfrac{3}{13}$(kg)입니다.

2-3 (노란색 끈의 길이)

$=$(빨간색 끈의 길이)$+\dfrac{4}{7}$

$=1\dfrac{2}{7}+\dfrac{4}{7}=1\dfrac{6}{7}$(m)

따라서 라희가 가지고 있는 빨간색 끈과 노란색 끈은 모두

$1\dfrac{2}{7}+1\dfrac{6}{7}=(1+1)+\left(\dfrac{2}{7}+\dfrac{6}{7}\right)=2+\dfrac{8}{7}$

$\qquad =2+1\dfrac{1}{7}=3\dfrac{1}{7}$(m)입니다.

정답 및 풀이

유형 3 (남은 물의 양)

　＝(처음에 있던 물의 양)

　　－(송이가 사용한 물의 양)

　　－(상우가 사용한 물의 양)

$$=7\frac{5}{6}-1\frac{2}{6}-\frac{10}{6}=\frac{47}{6}-\frac{8}{6}-\frac{10}{6}$$

$$=\frac{29}{6}=4\frac{5}{6}(L)$$

참고 세 분수의 뺄셈은 앞에서부터 두 분수씩 차례로 계산합니다.

3-1 (남은 밀가루의 무게)

　＝(처음에 있던 밀가루의 무게)

　　－(쿠키를 만드는 데 사용한 밀가루의 무게)

　　－(빵을 만드는 데 사용한 밀가루의 무게)

$$=1-\frac{5}{25}-\frac{8}{25}=\frac{25}{25}-\frac{5}{25}-\frac{8}{25}=\frac{12}{25}(kg)$$

3-2 (남은 철사의 길이)

　＝(처음에 있던 철사의 길이)

　　－(현재가 사용한 철사의 길이)

　　－(하린이가 사용한 철사의 길이)

$$=3\frac{1}{10}-1\frac{1}{10}-\frac{13}{10}$$

$$=\frac{31}{10}-\frac{11}{10}-\frac{13}{10}=\frac{7}{10}(m)$$

3-3 (선미가 내일 운동해야 하는 시간)

　＝(어제부터 내일까지 운동하려는 시간)

　　－(어제 운동한 시간)－(오늘 운동한 시간)

$$=3-\frac{7}{12}-\frac{6}{12}=\frac{36}{12}-\frac{7}{12}-\frac{6}{12}$$

$$=\frac{23}{12}=1\frac{11}{12}(\text{시간})$$

유형 4 어떤 대분수를 □라고 하면 □$+2\frac{2}{11}=5$입니다.

➡ $\square=5-2\frac{2}{11}=4\frac{11}{11}-2\frac{2}{11}$

$$=(4-2)+\left(\frac{11}{11}-\frac{2}{11}\right)$$

$$=2+\frac{9}{11}=2\frac{9}{11}$$

4-1 어떤 대분수를 □라고 하면 □$+1\frac{1}{5}=6\frac{4}{5}$입니다.

➡ $\square=6\frac{4}{5}-1\frac{1}{5}=(6-1)+\left(\frac{4}{5}-\frac{1}{5}\right)$

$$=5+\frac{3}{5}=5\frac{3}{5}$$

4-2 어떤 진분수를 □라고 하면 $1-\square=\frac{8}{22}$입니다.

➡ $\square=1-\frac{8}{22}=\frac{22}{22}-\frac{8}{22}=\frac{14}{22}$

4-3 ♥$=4\frac{1}{7}-2\frac{3}{7}=\frac{29}{7}-\frac{17}{7}=\frac{12}{7}=1\frac{5}{7}$

유형 5 합이 6이 되려면 진분수 부분에서 분자끼리의 합이 분모와 같은 3이 되고, 자연수끼리의 합이 $6-1=5$가 되어야 합니다.

따라서 합이 6이 되는 두 분수는 $1\frac{1}{3}$과 $4\frac{2}{3}$입니다.

5-1 $2\frac{1}{5}$과 더하여 6이 되려면 진분수 부분에서 분자끼리의 합이 5가 되고, 자연수끼리의 합이 $6-1=5$가 되어야 합니다.

따라서 찾는 수는 $3\frac{4}{5}$입니다.

다른 풀이 $2\frac{1}{5}+\square=6$인 □를 구합니다.

$\square=6-2\frac{1}{5}=\frac{30}{5}-\frac{11}{5}=\frac{19}{5}=3\frac{4}{5}$

5-2 합이 9가 되려면 진분수 부분에서 분자끼리의 합이 분모와 같은 12가 되고, 자연수끼리의 합이 $9-1=8$이 되어야 합니다.

따라서 합이 9가 되는 두 분수는 $4\frac{7}{12}$과 $4\frac{5}{12}$입니다.

유형 6 어떤 대분수를 □라고 하면 $\square + 2\frac{3}{15} = 6\frac{9}{15}$,

$$\square = 6\frac{9}{15} - 2\frac{3}{15} = (6-2) + \left(\frac{9}{15} - \frac{3}{15}\right)$$

$$= 4 + \frac{6}{15} = 4\frac{6}{15}\text{입니다.}$$

따라서 바르게 계산하면

$$4\frac{6}{15} - 2\frac{3}{15} = (4-2) + \left(\frac{6}{15} - \frac{3}{15}\right)$$

$$= 2 + \frac{3}{15} = 2\frac{3}{15}\text{입니다.}$$

6-1 어떤 수를 □라고 하면 $\square + 2\frac{5}{6} = 8\frac{1}{6}$,

$$\square = 8\frac{1}{6} - 2\frac{5}{6} = \frac{49}{6} - \frac{17}{6} = \frac{32}{6} = 5\frac{2}{6}\text{입니다.}$$

따라서 바르게 계산하면

$$5\frac{2}{6} - 2\frac{5}{6} = \frac{32}{6} - \frac{17}{6} = \frac{15}{6} = 2\frac{3}{6}\text{입니다.}$$

6-2 어떤 수를 □라고 하면 $\square - 3\frac{1}{9} = 5\frac{8}{9}$,

$$\square = 5\frac{8}{9} + 3\frac{1}{9} = (5+3) + \left(\frac{8}{9} + \frac{1}{9}\right)$$

$$= 8 + 1 = 9\text{입니다.}$$

따라서 바르게 계산하면 $9 + 3\frac{1}{9} = 12\frac{1}{9}$입니다.

6-3 $1\frac{5}{7}$의 자연수 부분과 분자를 바꾼 수는 $5\frac{1}{7}$입니다.

어떤 수를 □라고 하면 $\square - 5\frac{1}{7} = 4\frac{6}{7}$,

$$\square = 4\frac{6}{7} + 5\frac{1}{7} = (4+5) + \left(\frac{6}{7} + \frac{1}{7}\right)$$

$$= 9 + 1 = 10\text{입니다.}$$

따라서 바르게 계산하면

$$10 - 1\frac{5}{7} = \frac{70}{7} - \frac{12}{7} = \frac{58}{7} = 8\frac{2}{7}\text{입니다.}$$

유형 7 계산 결과가 가장 크려면 빼는 수가 가장 작아야 합니다.

빼는 대분수의 자연수 부분에 가장 작은 수인 1을, 분자에 두 번째로 작은 수인 3을 써넣어야 합니다.

➡ $11 - 1\frac{3}{9} = \frac{99}{9} - \frac{12}{9} = \frac{87}{9} = 9\frac{6}{9}$

7-1 계산 결과가 가장 크려면 빼지는 수가 가장 크고 빼는 수가 가장 작아야 합니다.

빼지는 대분수의 분자에 가장 큰 수인 6을, 빼는 대분수의 분자에 가장 작은 수인 1을 써넣어야 합니다.

➡ $6\frac{6}{13} - 1\frac{1}{13} = (6-1) + \left(\frac{6}{13} - \frac{1}{13}\right)$

$$= 5 + \frac{5}{13} = 5\frac{5}{13}$$

7-2 계산 결과가 가장 작으려면 빼는 수가 가장 커야 합니다.

빼는 대분수의 자연수 부분에 가장 큰 수인 6을, 분자에 두 번째로 큰 수인 5를 써넣어야 합니다.

➡ $7 - 6\frac{5}{8} = 6\frac{8}{8} - 6\frac{5}{8}$

$$= (6-6) + \left(\frac{8}{8} - \frac{5}{8}\right) = \frac{3}{8}$$

7-3 계산 결과가 가장 작으려면 빼지는 수가 가장 작고 빼는 수가 가장 커야 합니다.

빼지는 대분수의 분자에 가장 작은 수인 2를, 빼는 대분수의 분자에 가장 큰 수인 9를 써넣어야 합니다.

➡ $10\frac{2}{12} - 7\frac{9}{12} = 9\frac{14}{12} - 7\frac{9}{12}$

$$= (9-7) + \left(\frac{14}{12} - \frac{9}{12}\right)$$

$$= 2 + \frac{5}{12} = 2\frac{5}{12}$$

유형 8 두 진분수의 분자의 합이 6인 두 수는 1과 5, 2와 4, 3과 3이고, 이 중에서 차가 4인 두 수는 1과 5입니다.

따라서 두 진분수는 $\frac{1}{9}$, $\frac{5}{9}$입니다.

8-1 $1\frac{3}{10}=\frac{13}{10}$이므로 두 진분수의 분자의 합은 13 입니다. 두 진분수의 분자의 합이 13인 두 수는 1과 12, 2와 11, 3과 10, 4와 9, 5와 8, 6과 7 이고, 이 중에서 차가 3인 두 수는 5와 8입니다.
따라서 두 진분수는 $\frac{5}{10}$, $\frac{8}{10}$입니다.

8-2 두 진분수의 분자의 합이 6인 두 수는 1과 5, 2와 4, 3과 3이고, 이 중에서 차가 2인 두 수는 2와 4입니다.
따라서 두 진분수는 $\frac{2}{8}$, $\frac{4}{8}$이므로 더 큰 수는 $\frac{4}{8}$입니다.

8-3 $2\frac{4}{10}=\frac{24}{10}$이므로 두 가분수의 분자의 합은 24 입니다. 두 가분수의 분자의 합이 24인 두 수는 10과 14, 11과 13, 12와 12입니다.
따라서 덧셈식을 모두 쓰면
$\frac{10}{10}+\frac{14}{10}$, $\frac{11}{10}+\frac{13}{10}$, $\frac{12}{10}+\frac{12}{10}$입니다.

유형9 $\frac{\square}{16}+\frac{3}{16}=\frac{\square+3}{16}$이므로 $\frac{\square+3}{16}<\frac{9}{16}$에서 $\square+3<9$를 만족하는 $\square$를 구합니다.
$\square+3=9$라고 하면 $\square=6$이므로 $\square$ 안에 들어갈 수 있는 자연수는 6보다 작은 1, 2, 3, 4, 5입니다.

9-1 $\frac{8}{9}+\frac{\square}{9}=\frac{8+\square}{9}$, $1\frac{1}{9}=\frac{10}{9}$이므로
$\frac{8+\square}{9}<\frac{10}{9}$에서 $8+\square<10$을 만족하는 $\square$를 구합니다.
$8+\square=10$이라고 하면 $\square=2$이므로 $\square$ 안에 들어갈 수 있는 자연수는 2보다 작은 1입니다.

9-2 $2\frac{7}{10}+3\frac{6}{10}=(2+3)+\left(\frac{7}{10}+\frac{6}{10}\right)$
$=5+\frac{13}{10}=5+1\frac{3}{10}=6\frac{3}{10}$
이므로 $6\frac{3}{10}>6\frac{\square}{10}$에서 $3>\square$를 만족하는 $\square$를 구합니다.
따라서 $\square$ 안에 들어갈 수 있는 자연수는 3보다 작은 1, 2입니다.

9-3 $8\frac{3}{7}-\frac{\square}{7}=\frac{59}{7}-\frac{\square}{7}=\frac{59-\square}{7}$, $6\frac{6}{7}=\frac{48}{7}$
이므로 $\frac{59-\square}{7}<\frac{48}{7}$에서 $59-\square<48$을 만족하는 $\square$ 중에서 가장 작은 수를 구합니다.
$59-\square=48$이라고 하면 $\square=11$이므로 $\square$ 안에 들어갈 수 있는 자연수는 11보다 큰 수이고, 그중에서 가장 작은 수는 12입니다.

유형10 (빵 1개를 만들고 남는 밀가루의 무게)
$=3\frac{3}{5}-1\frac{2}{5}=2\frac{1}{5}$(kg)
(빵 2개를 만들고 남는 밀가루의 무게)
$=2\frac{1}{5}-1\frac{2}{5}=\frac{11}{5}-\frac{7}{5}=\frac{4}{5}$(kg)
따라서 빵을 2개까지 만들 수 있고, 남는 밀가루는 $\frac{4}{5}$ kg입니다.

참고 남는 밀가루의 무게가 $1\frac{2}{5}$ kg보다 적을 때까지 계산하여 만들 수 있는 빵의 수와 남는 밀가루의 무게를 구합니다.

10-1 (우유를 1일 동안 마시고 남는 우유의 양)
$=3-\frac{21}{25}=2\frac{25}{25}-\frac{21}{25}=2\frac{4}{25}$(L)
(우유를 2일 동안 마시고 남는 우유의 양)
$=2\frac{4}{25}-\frac{21}{25}=1\frac{29}{25}-\frac{21}{25}=1\frac{8}{25}$(L)
(우유를 3일 동안 마시고 남는 우유의 양)
$=1\frac{8}{25}-\frac{21}{25}=\frac{33}{25}-\frac{21}{25}=\frac{12}{25}$(L)
따라서 우유를 3일 동안 마실 수 있고, 남는 우유는 $\frac{12}{25}$ L입니다.

10-2 (사과즙 1병을 만들고 남는 사과의 무게)

$$=13\frac{5}{20}-3\frac{6}{20}=12\frac{25}{20}-3\frac{6}{20}=9\frac{19}{20}(\text{kg})$$

(사과즙 2병을 만들고 남는 사과의 무게)

$$=9\frac{19}{20}-3\frac{6}{20}=6\frac{13}{20}(\text{kg})$$

(사과즙 3병을 만들고 남는 사과의 무게)

$$=6\frac{13}{20}-3\frac{6}{20}=3\frac{7}{20}(\text{kg})$$

(사과즙 4병을 만들고 남는 사과의 무게)

$$=3\frac{7}{20}-3\frac{6}{20}=\frac{1}{20}(\text{kg})$$

따라서 사과즙을 4병까지 만들 수 있고, 남는 사과는 $\frac{1}{20}$ kg입니다.

유형 11 가장 큰 대분수를 만들려면 자연수 부분에 가장 큰 수인 8을, 분자에 두 번째로 큰 수인 7을 놓습니다.

가장 작은 대분수를 만들려면 자연수 부분에 가장 작은 수인 1을, 분자에 두 번째로 작은 수인 4를 놓습니다.

따라서 분모가 9인 가장 큰 대분수는 $8\frac{7}{9}$, 가장 작은 대분수는 $1\frac{4}{9}$이므로 두 수의 차는

$$8\frac{7}{9}-1\frac{4}{9}=7\frac{3}{9}$$입니다.

11-1 가장 큰 대분수를 만들려면 자연수 부분에 가장 큰 수인 9를, 분자에 두 번째로 큰 수인 6을 놓습니다.

두 번째로 작은 대분수를 만들려면 자연수 부분에 가장 작은 수인 1을, 분자에 세 번째로 작은 수인 4를 놓습니다.

따라서 분모가 11인 가장 큰 대분수는 $9\frac{6}{11}$, 두 번째로 작은 대분수는 $1\frac{4}{11}$이므로 두 수의 차는

$$9\frac{6}{11}-1\frac{4}{11}=8\frac{2}{11}$$입니다.

11-2 가장 작은 진분수를 만들려면 분자에 가장 작은 수인 1을 놓습니다.

가장 작은 대분수를 만들려면 자연수 부분에 가장 작은 수인 1을, 분자에 두 번째로 작은 수인 2를 놓습니다.

따라서 분모가 7인 가장 작은 진분수는 $\frac{1}{7}$, 가장 작은 대분수는 $1\frac{2}{7}$이므로 두 수의 합은

$$\frac{1}{7}+1\frac{2}{7}=1\frac{3}{7}$$입니다.

유형 12 남은 쪽수는 전체의

$$1-\frac{5}{13}-\frac{7}{13}=\frac{13}{13}-\frac{5}{13}-\frac{7}{13}=\frac{1}{13}$$입니다.

따라서 전체를 똑같이 13으로 나눈 것 중의 1만큼이 13쪽이므로 역사책의 전체 쪽수는

$$13\times13=169(\text{쪽})$$입니다.

참고 전체의 $\frac{1}{\blacksquare}$은 전체를 똑같이 $\blacksquare$로 나눈 것 중의 1만큼이므로 전체의 $\frac{1}{\blacksquare}$이 $\blacktriangle$라면 전체는 $\blacktriangle\times\blacksquare$로 구할 수 있습니다.

12-1 남은 쪽수는 전체의

$$1-\frac{5}{8}-\frac{2}{8}=\frac{8}{8}-\frac{5}{8}-\frac{2}{8}=\frac{1}{8}$$입니다.

따라서 전체를 똑같이 8로 나눈 것 중의 1만큼이 14쪽이므로 동화책의 전체 쪽수는

$$14\times8=112(\text{쪽})$$입니다.

12-2 남은 주스의 양은 전체의

$$1-\frac{3}{6}-\frac{2}{6}=\frac{6}{6}-\frac{3}{6}-\frac{2}{6}=\frac{1}{6}$$입니다.

따라서 전체를 똑같이 6으로 나눈 것 중의 1만큼이 50 mL이므로 주스 한 병 전체의 양은

$$50\times6=300(\text{mL})$$입니다.

12-3 남은 밀가루의 양은 전체의

$$1-\frac{4}{12}-\frac{7}{12}=\frac{12}{12}-\frac{4}{12}-\frac{7}{12}=\frac{1}{12}$$입니다.

따라서 전체를 똑같이 12로 나눈 것 중의 1만큼이 125 g이므로 밀가루 한 봉지 전체의 무게는

$$125\times12=1500(\text{g})$$입니다.

2단원 삼각형

01 가, 다, 마, 바 02 마
03 9 04 3
05 예

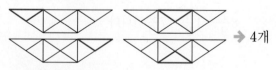

06 가, 마 07 둔각삼각형 08 ㉢
09 ⑤ 10 ①, ③ 11 27 cm
12 46 cm 13 풀이 참고 14 12, 8
15 120° 16 ㉠, ㉢ 17 25 cm
18 95 19 6개
20 풀이 참고, 130°

03 이등변삼각형은 두 변의 길이가 같은 삼각형이므로
□=9입니다.

04 정삼각형은 세 변의 길이가 모두 같은 삼각형이므로
□=3입니다.

05 세 각이 모두 예각이 되도록 삼각형을 그립니다.

06 한 각이 둔각인 삼각형을 찾으면 가, 마입니다.

07 한 각이 95°로 둔각이므로 둔각삼각형입니다.

08 이등변삼각형은 길이가 같은 두 변에 있는 두 각의
크기가 같으므로 이등변삼각형이 아닌 것은 크기
가 같은 두 각이 없는 ㉢입니다.

09 둔각삼각형은 한 각이 둔각이므로 점 ㄱ을 ⑤의
점으로 옮겨야 합니다.

10 두 변의 길이가 같으므로 이등변삼각형입니다.
한 각이 직각이므로 직각삼각형입니다.

11 나머지 한 각의 크기는 $180°-60°-60°=60°$이
므로 정삼각형입니다.
정삼각형은 세 변의 길이가 모두 같으므로 삼각형의
세 변의 길이의 합은 $9+9+9=27$(cm)입니다.

12 ㉠과 ㉡의 각도가 같으므로 이등변삼각형입니다.
나머지 한 변의 길이가 16 cm이므로 삼각형의 세
변의 길이의 합은 $16+14+16=46$(cm)입니다.

13 예 이등변삼각형은 길이가 같은 두 변에 있는 두
각의 크기가 같습니다. ❶
세 각의 크기가 모두 다르므로 이등변삼각형이 아
닙니다. ❷

채점 기준	
❶ 이등변삼각형의 성질 알기	2점
❷ 이등변삼각형이 아닌 이유 쓰기	3점

14 이등변삼각형은 두 변의 길이가 같으므로 ♥가 될
수 있는 수는 12와 8입니다.

15 두 삼각형은 정삼각형이므로 각 ㄱㄴㄹ의 크기는
60°, 각 ㄹㄴㄷ의 크기는 60°입니다.
따라서 각 ㄱㄴㄷ의 크기는 $60°+60°=120°$입니다.

16 나머지 한 각의 크기가 $180°-45°-45°=90°$이
므로 이등변삼각형, 직각삼각형이 될 수 있습니다.

17 빨간색 선의 길이는 정삼각형 한 변의 길이의 5배
이므로 $5×5=25$(cm)입니다.

18 삼각형 ㄱㄴㄷ은 세 변의 길이가 같으므로 정삼각
형이고, 각 ㄱㄷㄴ의 크기는 60°입니다.
삼각형 ㅁㄷㄹ은 두 변의 길이가 같으므로 이등변
삼각형입니다.
각 ㄷㄹㅁ의 크기가 130°이므로 각 ㄹㄷㅁ과
각 ㄹㅁㄷ의 크기의 합은 $180°-130°=50°$이고,
각 ㄹㄷㅁ의 크기는 $50°÷2=25°$입니다.
한 직선이 이루는 각의 크기는 180°이므로
□°$=180°-60°-25°=95°$입니다.

19 • 삼각형 1개짜리:

→ 4개

• 삼각형 4개짜리:
→ 2개

따라서 크고 작은 둔각삼각형은 모두 6개입니다.

20 예 삼각형 ㄱㄴㄷ은 이등변삼각형이므로 각 ㄴㄷㄱ
의 크기는 각 ㄴㄱㄷ의 크기와 같습니다.
따라서 각 ㄴㄷㄱ의 크기는 50°입니다. ❶
한 직선이 이루는 각의 크기는 180°이므로
각 ㄱㄷㄹ의 크기는 $180°-50°=130°$입니다. ❷

채점 기준	
❶ 각 ㄴㄷㄱ의 크기 구하기	2점
❷ 각 ㄱㄷㄹ의 크기 구하기	3점

AI가 추천한 단원 평가 2회

01 이등변, 정

02

03 다   04 75   05 60, 60
06 ②   07 70°   08 점 ㄷ
09 ㄴ, ㄹ   10 풀이 참고, 19 cm
11 ㄱ   12 예각삼각형
13 (○) (   )   14 ㄷ
15 8개   16 35°
17 풀이 참고, 12 cm, 12 cm, 20 cm / 12 cm,
   16 cm, 16 cm
18 20 cm   19 35°   20 110°

10 **예** 정삼각형은 세 변의 길이가 모두 같습니다.」❶
따라서 정삼각형의 한 변의 길이는
57÷3＝19(cm)입니다.」❷

채점 기준	
❶ 정삼각형의 성질 알기	2점
❷ 정삼각형의 한 변의 길이 구하기	3점

11 막대 2개의 길이가 같으므로 만들 수 있는 삼각형
은 두 변의 길이가 같은 이등변삼각형입니다.

12 나머지 한 각의 크기는 180°−80°−45°＝55°로
세 각이 모두 예각이므로 예각삼각형입니다.

13 • 변이 3개이므로 삼각형입니다.
• 두 변의 길이가 같으므로 이등변삼각형입니다.
• 세 각이 모두 예각이므로 예각삼각형입니다.

14 ㄱ 이등변삼각형은 정삼각형이 아닙니다.
ㄴ 모든 둔각삼각형이 이등변삼각형인 것은 아닙
니다.
ㄹ 정삼각형은 세 각의 크기가 모두 60°이므로 둔
각삼각형이 될 수 없습니다.

15 • 한 변이 성냥개비 1개인 삼각형: ➡ 7개
• 한 변이 성냥개비 2개인 삼각형:

 ➡ 1개

따라서 크고 작은 정삼각형은 모두 8개입니다.

16 삼각형 ㄱㄹㄷ은 정삼각형이므로 각 ㄱㄹㄷ은 60°
입니다.
한 직선이 이루는 각의 크기는 180°이므로
각 ㄴㄹㄷ의 크기는 180°−60°＝120°입니다.
따라서 각 ㄴㄷㄹ의 크기는
180°−120°−25°＝35°입니다.

17 **예** 이등변삼각형의 나머지 두 변의 길이의 합은
44−12＝32(cm)입니다.」❶
이등변삼각형에서 길이가 같은 두 변의 길이가
12 cm라고 하면 나머지 한 변의 길이는
32−12＝20(cm)이므로 세 변의 길이는
12 cm, 12 cm, 20 cm입니다.」❷
이등변삼각형에서 12 cm가 길이가 같은 두 변 중
한 변이 아니라고 하면 길이가 같은 두 변의 길이
는 각각 32÷2＝16(cm)이므로 세 변의 길이는
12 cm, 16 cm, 16 cm입니다.」❸

채점 기준	
❶ 이등변삼각형의 나머지 두 변의 길이의 합 구하기	1점
❷ 이등변삼각형의 세 변의 길이 구하기	2점
❸ 이등변삼각형의 또 다른 세 변의 길이 구하기	2점

18 삼각형 ㄱㄷㄹ은 정삼각형이므로 변 ㄱㄷ과 변 ㄷㄹ
의 길이는 6 cm입니다.
삼각형 ㄱㄴㄷ의 세 변의 길이의 합이 14 cm이므
로 변 ㄱㄴ과 변 ㄴㄷ의 길이의 합은
14−6＝8(cm)입니다.
따라서 사각형 ㄱㄴㄷㄹ의 네 변의 길이의 합은
8＋6＋6＝20(cm)입니다.

19 삼각형 ㄱㄴㄷ은 정삼각형이므로 각 ㄱㄷㄴ의 크
기는 60°입니다.
삼각형 ㄹㄷㄷ은 이등변삼각형이므로 각 ㄹㄷㄷ과
각 ㄹㄷㄴ의 크기의 합은 180°−130°＝50°이고,
각 ㄹㄷㄴ의 크기는 50°÷2＝25°입니다.
따라서 각 ㄱㄷㄹ의 크기는 60°−25°＝35°입니다.

20 삼각형 ㄱㄴㄷ은 이등변삼각형이므로 각 ㄴㄷㄱ의
크기는 15°입니다.
삼각형 ㄹㄴㄷ은 이등변삼각형이므로 각 ㄹㄴㄷ과
각 ㄹㄷㄴ의 크기의 합은 180°−70°＝110°이고,
각 ㄹㄴㄷ의 크기는 110°÷2＝55°입니다.
따라서 삼각형 ㅁㄴㄷ에서 각 ㄴㅁㄷ의 크기는
180°−15°−55°＝110°입니다.

정답 및 풀이

32~34쪽 **AI가 추천한 단원 평가** 3회

01 가, 다   02 가, 다   03 3
04 5, 5   05 6개   06 6개
07 다   08 120°   09 1, 2
10 ㉢   11 ③   12 18 cm
13 예각, 이등변   14 ㉡, ㉢   15 100°
16 풀이 참고, 110°   17 ㉠
18 40°   19 58 cm
20 풀이 참고, 8 cm

07 이등변삼각형은 나, 다이고, 둔각삼각형은 가, 다이므로 이등변삼각형이면서 둔각삼각형인 도형은 다입니다.

08 정삼각형은 세 각의 크기가 모두 60°이므로 ㉠과 ㉡의 각도는 60°입니다.
따라서 ㉠과 ㉡의 각도의 합은 60°+60°=120° 입니다.

09 예각삼각형: 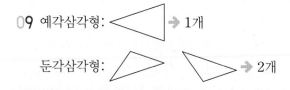 → 1개

둔각삼각형: → 2개

10 나머지 한 각의 크기를 각각 구합니다.
㉠ 180°−55°−35°=90°
㉡ 180°−60°−25°=95°
㉢ 180°−80°−55°=45°
따라서 세 각이 모두 예각인 예각삼각형은 ㉢입니다.

11 ③ 예각삼각형은 세 각이 모두 예각입니다.

12 정삼각형을 만드는 데 사용한 철사의 길이는 60−6=54(cm)입니다.
정삼각형은 세 변의 길이가 모두 같으므로 한 변의 길이는 54÷3=18(cm)입니다.

14 막대 3개의 길이가 모두 같으므로 정삼각형입니다. 정삼각형은 세 각의 크기가 모두 60°이므로 예각삼각형입니다.

15 주어진 두 이등변삼각형은 크기와 모양이 같으므로 크기가 같은 두 각의 합은 180°−80°=100° 입니다.

16 예 삼각형 ㄱㄴㄷ은 이등변삼각형이므로 각 ㄱㄴㄷ 과 각 ㄱㄷㄴ의 크기의 합은 180°−40°=140°이고, 각 ㄱㄷㄴ의 크기는 140°÷2=70°입니다. ❶
한 직선이 이루는 각의 크기는 180°이므로 각 ㄱㄷㄹ 의 크기는 180°−70°=110°입니다. ❷

채점 기준	
❶ 각 ㄱㄷㄴ의 크기 구하기	3점
❷ 각 ㄱㄷㄹ의 크기 구하기	2점

17 나머지 한 각의 크기를 각각 구합니다.
㉠ 180°−47°−86°=47°
㉡ 180°−44°−44°=92°
㉢ 180°−102°−39°=39°
㉣ 180°−114°−46°=20°
따라서 이등변삼각형이면서 예각삼각형인 것은 ㉠ 입니다.

18 삼각형 ㄱㄷㄹ은 이등변삼각형이므로 각 ㄷㄱㄹ의 크기는 35°이고, 각 ㄱㄷㄹ의 크기는 180°−35°−35°=110°입니다.
한 직선이 이루는 각의 크기는 180°이므로 각 ㄱㄷㄴ의 크기는 180°−110°=70°이고, 삼각형 ㄱㄴㄷ은 이등변삼각형이므로 각 ㄱㄴㄷ의 크기도 70°입니다.
따라서 삼각형 ㄱㄴㄷ에서 각 ㄴㄱㄷ의 크기는 180°−70°−70°=40°입니다.

19 삼각형 ㄱㄴㅁ은 정삼각형이므로 한 변의 길이는 60÷3=20(cm)입니다.
변 ㄱㄷ의 길이는 20+6=26(cm)이고, 삼각형 ㄱㄷㄹ이 정삼각형이므로 변 ㄷㄹ과 변 ㄱㄹ의 길이도 26 cm입니다.
선분 ㅁㄹ의 길이는 26−20=6(cm)입니다.
따라서 사각형 ㄴㄷㄹㅁ의 네 변의 길이의 합은 20+6+26+6=58(cm)입니다.

20 예 이등변삼각형의 세 변의 길이의 합은 10+4+10=24(cm)이므로 정삼각형의 세 변의 길이의 합도 24 cm입니다. ❶
정삼각형의 세 변의 길이는 모두 같으므로 한 변의 길이는 24÷3=8(cm)입니다. ❷

채점 기준	
❶ 정삼각형의 세 변의 길이의 합 구하기	2점
❷ 정삼각형의 한 변의 길이 구하기	3점

01 3 **02** 1 **03** 2

04 (위에서부터) 나, 라, 다, 가 **05** 나, 라

06
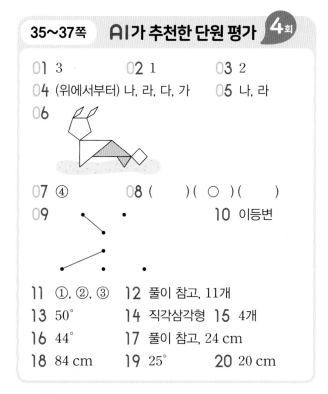

07 ④ **08** ( ) (○) ( )

09

10 이등변

11 ①, ②, ③ **12** 풀이 참고, 11개

13 50° **14** 직각삼각형 **15** 4개

16 44° **17** 풀이 참고, 24 cm

18 84 cm **19** 25° **20** 20 cm

12 예 정삼각형은 예각이 3개이고, 둔각은 없습니다.
예각삼각형은 예각이 3개이고, 둔각은 없습니다.
직각삼각형은 직각이 1개, 예각이 2개이고, 둔각은 없습니다.
둔각삼각형은 예각이 2개이고, 둔각이 1개입니다.
따라서 네 삼각형에서 찾을 수 있는 예각은 10개, 둔각은 1개입니다.」❶
그러므로 예각의 수와 둔각의 수의 합은
10+1=11(개)입니다.」❷

채점 기준	
❶ 네 삼각형에서 찾을 수 있는 예각의 수와 둔각의 수 구하기	4점
❷ 네 삼각형에서 찾을 수 있는 예각의 수와 둔각의 수의 합 구하기	1점

14 삼각형 ㄱㄷㄹ은 이등변삼각형이므로 각 ㄷㄱㄹ의 크기는 55°이고, 각 ㄱㄷㄹ의 크기는
180°-55°-55°=70°입니다.
한 직선이 이루는 각의 크기는 180°이므로
각 ㄱㄷㄴ의 크기는 180°-70°=110°입니다.
삼각형 ㄱㄴㄷ은 이등변삼각형이므로 각 ㄱㄴㄷ과 각 ㄴㄱㄷ의 크기의 합은 180°-110°=70°이고,
각 ㄱㄴㄷ과 각 ㄴㄱㄷ의 크기는 각각
70°÷2=35°입니다.
따라서 삼각형 ㄱㄴㄹ의 세 각의 크기는 각각 90°, 35°, 55°이므로 삼각형 ㄱㄴㄹ은 직각삼각형입니다.

15 • 삼각형 1개짜리:

⇨ 2개

• 삼각형 2개짜리:

⇨ 2개

따라서 크고 작은 둔각삼각형은 4개입니다.

16 다른 예각의 크기가 가장 크려면 둔각의 크기가 가장 작아야 됩니다. 가장 작은 둔각의 크기는 91°이므로 가장 큰 다른 예각의 크기는
180°-91°-45°=44°입니다.

17 예 삼각형 ㄱㄷㄹ은 정삼각형이므로 변 ㄱㄷ의 길이는 12 cm입니다.」❶
삼각형 ㄱㄴㄷ은 이등변삼각형이므로 변 ㄴㄷ의 길이는 12 cm입니다.」❷
따라서 변 ㄴㄹ의 길이는 12+12=24(cm)입니다.」❸

채점 기준	
❶ 변 ㄱㄷ의 길이 구하기	2점
❷ 변 ㄴㄷ의 길이 구하기	2점
❸ 변 ㄴㄹ의 길이 구하기	1점

18 삼각형 ㄱㄷㄹ은 이등변삼각형이므로 변 ㄱㄷ의 길이는 25 cm입니다. 삼각형 ㄱㄴㄷ은 정삼각형이므로 변 ㄱㄴ, 변 ㄴㄷ의 길이는 25 cm입니다.
따라서 사각형 ㄱㄴㄷㄹ의 네 변의 길이의 합은
25+25+9+25=84(cm)입니다.

19 삼각형 ㄱㄴㄷ은 정삼각형이므로 각 ㄱㄷㄴ의 크기는 60°입니다.
삼각형 ㄹㄴㄷ은 이등변삼각형이므로 각 ㄹㄴㄷ과 각 ㄹㄷㄴ의 크기의 합은 180°-110°=70°이고,
각 ㄹㄷㄴ의 크기는 70°÷2=35°입니다.
따라서 각 ㄱㄷㄹ의 크기는 60°-35°=25°입니다.

20 삼각형 ㄱㄴㅂ은 정삼각형이므로 변 ㄴㅂ의 길이는 6 cm이고, 세 변의 길이의 합은
6+6+6=18(cm)입니다.
이등변삼각형 ㅂㄹㅁ의 세 변의 길이의 합은
18 cm이고, 변 ㅁㄹ의 길이는 7 cm이므로
변 ㅂㄹ의 길이는 18-7-7=4(cm)입니다.
따라서 직사각형 ㄴㄷㄹㅂ의 네 변의 길이의 합은
6+4+6+4=20(cm)입니다.

38~43쪽 틀린 유형 다시 보기

유형**1** ㉡, ㉢   **1**-1 ㉣   **1**-2

유형**2** ㉢   **2**-1 ㉡, ㉢

2-2 ㉠, ㉢   유형**3** 15

3-1 7 cm

3-2 12 cm, 22 cm / 17 cm, 17 cm

유형**4** 120°   **4**-1 140°   **4**-2 105

유형**5** 7 cm   **5**-1 21 cm   **5**-2 12

유형**6** 10개   **6**-1 7개   **6**-2 ②

유형**7** 24 cm   **7**-1 18 cm   **7**-2 4 cm

유형**8** 26 cm   **8**-1 50 cm   **8**-2 156 cm

유형**9** 100°   **9**-1 110°   **9**-2 35

유형**10** 16 cm   **10**-1 12 cm   **10**-2 6 cm

유형**11** 20°   **11**-1 40°   **11**-2 15°

유형**12** 14 cm   **12**-1 81 cm

유형**1** 나머지 한 각의 크기를 각각 구합니다.
㉠ $180°-20°-60°=100°$
㉡ $180°-70°-55°=55°$
㉢ $180°-60°-40°=80°$
㉣ $180°-35°-50°=95°$
따라서 예각삼각형은 ㉡, ㉢입니다.

1-1 나머지 한 각의 크기를 각각 구합니다.
㉠ $180°-80°-15°=85°$
㉡ $180°-60°-30°=90°$
㉢ $180°-55°-45°=80°$
㉣ $180°-45°-40°=95°$
따라서 둔각삼각형은 ㉣입니다.

1-2 나머지 한 각의 크기를 각각 구합니다.
• $180°-55°-55°=70°$,
  55°, 55°, 70° ➡ 예각삼각형
• $180°-40°-70°=70°$,
  40°, 70°, 70° ➡ 예각삼각형
• $180°-20°-40°=120°$,
  20°, 40°, 120° ➡ 둔각삼각형

유형**2** 나머지 한 각의 크기가 $180°-60°-60°=60°$
이므로 정삼각형, 이등변삼각형, 예각삼각형이
될 수 있습니다. 따라서 삼각형의 이름이 될 수
없는 것은 ㉢입니다.

2-1 나머지 한 각의 크기가 $180°-140°-20°=20°$
이므로 이등변삼각형, 둔각삼각형이 될 수 있습
니다.

2-2 나머지 한 각의 크기가 $180°-45°-90°=45°$
이므로 이등변삼각형, 직각삼각형이 될 수 있습
니다.

유형**3** 변 ㄱㄴ의 길이는 19 cm이므로 변 ㄴㄷ의 길
이는 $53-19-19=15$(cm)입니다.

3-1 변 ㄱㄴ과 변 ㄱㄷ의 길이의 합은
$24-10=14$(cm)이고, 변 ㄱㄴ과 변 ㄱㄷ의
길이는 같으므로 변 ㄱㄴ의 길이는
$14÷2=7$(cm)입니다.

3-2 이등변삼각형의 나머지 두 변의 길이의 합은
$46-12=34$(cm)입니다.
길이가 같은 두 변의 길이가 12 cm라고 하면 나
머지 한 변의 길이는 $34-12=22$(cm)입니다.
12 cm가 길이가 같은 두 변 중 한 변이 아니라
고 하면 길이가 같은 두 변의 길이는 각각
$34÷2=17$(cm)입니다.

유형**4** 정삼각형의 한 각의 크기는 60°이므로 각 ㄱㄷㄴ
의 크기는 60°입니다.
한 직선이 이루는 각의 크기는 180°이므로 각
ㄱㄷㄹ의 크기는 $180°-60°=120°$입니다.

4-1 각 ㄴㄱㄷ과 각 ㄴㄷㄱ의 크기는 같으므로
각 ㄴㄷㄱ의 크기는 40°입니다.
한 직선이 이루는 각의 크기는 180°이므로 각
ㄱㄷㄹ의 크기는 $180°-40°=140°$입니다.

4-2 삼각형 ㄱㄴㄷ의 나머지 두 각의 크기의 합은
$180°-30°=150°$이므로 각 ㄷㄱㄴ의 크기는
$150°÷2=75°$입니다.
한 직선이 이루는 각의 크기는 180°이므로 구
하는 각의 크기는 $180°-75°=105°$입니다.

유형**5** 이등변삼각형의 나머지 한 변의 길이는 8 cm
이므로 세 변의 길이의 합은
$8+5+8=21$(cm)입니다.
따라서 정삼각형의 한 변의 길이는
$21÷3=7$(cm)입니다.

5-1 이등변삼각형의 나머지 한 변의 길이는 18 cm 이므로 세 변의 길이의 합은

18+27+18=63(cm)입니다.

따라서 정삼각형의 한 변의 길이는

63÷3=21(cm)입니다.

5-2 정삼각형의 한 변의 길이가 10 cm이므로 세 변의 길이의 합은 10+10+10=30(cm)입니다.

따라서 이등변삼각형에서 6+□+□=30이 므로 □+□=24, □=12입니다.

유형 6 • 삼각형 1개짜리:

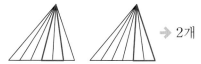

→ 1개

• 삼각형 2개짜리:

→ 2개

• 삼각형 3개짜리:

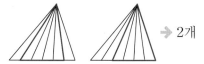

→ 2개

• 삼각형 4개짜리:

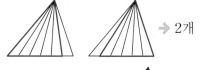

→ 2개

• 삼각형 5개짜리:

→ 2개

• 삼각형 6개짜리:

→ 1개

따라서 크고 작은 예각삼각형은 모두 10개입니다.

6-1 • 삼각형 1개짜리:

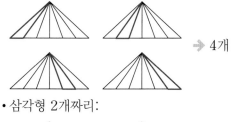

→ 4개

• 삼각형 2개짜리:

→ 2개

• 삼각형 6개짜리:

→ 1개

따라서 크고 작은 둔각삼각형은 모두 7개입니다.

6-2

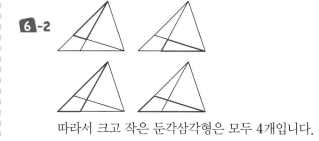

따라서 크고 작은 둔각삼각형은 모두 4개입니다.

유형 7 빨간색 선의 길이는 정삼각형 한 변의 길이의 6배이므로 4×6=24(cm)입니다.

7-1 빨간색 선의 길이는 정삼각형 한 변의 길이의 6배이므로 3×6=18(cm)입니다.

7-2 초록색 선의 길이는 정삼각형 한 변의 길이의 10배이므로 정삼각형 한 변의 길이는 40÷10=4(cm)입니다.

유형 8 삼각형 ㄱㄴㄷ은 이등변삼각형이므로 변 ㄴㄱ 의 길이는 5 cm입니다.

삼각형 ㄱㄷㄹ은 정삼각형이므로 변 ㄱㄹ의 길 이는 8 cm입니다.

따라서 사각형 ㄱㄴㄷㄹ의 네 변의 길이의 합은 5+5+8+8=26(cm)입니다.

8-1 삼각형 ㄱㄴㄷ은 정삼각형이므로 변 ㄴㄷ의 길 이는 10 cm입니다.

삼각형 ㄱㄷㄹ은 이등변삼각형이므로 변 ㄱㄹ 의 길이는 15 cm입니다.

따라서 사각형 ㄱㄴㄷㄹ의 네 변의 길이의 합은 10+10+15+15=50(cm)입니다.

8-2 삼각형 ㄱㄴㄷ은 정삼각형이므로 변 ㄴㄷ과 변 ㄱㄷ의 길이는 각각 42 cm입니다.

삼각형 ㄱㄷㄹ은 이등변삼각형이므로 변 ㄷㄹ 의 길이는 42 cm입니다.

따라서 사각형 ㄱㄴㄷㄹ의 네 변의 길이의 합은 42+42+42+30=156(cm)입니다.

유형 9 삼각형 ㄱㄴㄷ은 이등변삼각형이므로 각 ㄴㄱㄷ의 크기는 75°이고, 각 ㄴㄷㄱ의 크기는 180°−75°−75°=30°입니다.
삼각형 ㅁㄷㄹ은 이등변삼각형이므로 각 ㅁㄷㄹ과 각 ㅁㄹㄷ의 크기의 합은 180°−40°=140°이고, 각 ㅁㄷㄹ의 크기는 140°÷2=70°입니다.
따라서 각 ㄴㄷㄹ의 크기는 30°+70°=100°입니다.

9-1 삼각형 ㄱㄴㄷ은 이등변삼각형이므로 각 ㄱㄷㄴ의 크기는 60°이고, 각 ㄴㄱㄷ의 크기는 180°−60°−60°=60°입니다.
삼각형 ㄱㄹㅁ은 이등변삼각형이므로 각 ㄱㄹㅁ의 크기는 65°이고, 각 ㄹㄱㅁ의 크기는 180°−65°−65°=50°입니다.
따라서 각 ㄴㄱㅁ의 크기는 60°+50°=110°입니다.

9-2 삼각형 ㄱㄴㄹ은 이등변삼각형이므로 각 ㄱㄴㄹ의 크기는 55°이고, 각 ㄴㄹㄱ의 크기는 180°−55°−55°=70°입니다.
한 직선이 이루는 각의 크기는 180°이므로 각 ㄴㄹㄷ의 크기는 180°−70°=110°입니다.
삼각형 ㄹㄴㄷ은 이등변삼각형이므로 각 ㄹㄴㄷ과 각 ㄹㄷㄴ의 크기의 합은 180°−110°=70°이고, 각 ㄹㄷㄴ의 크기는 70°÷2=35°입니다.

유형 10 삼각형 ㄴㄷㄹ은 이등변삼각형이므로 변 ㄴㄹ의 길이는 8 cm이고, 삼각형 ㄱㄴㄹ은 정삼각형이므로 변 ㄱㄴ의 길이는 8 cm입니다.
따라서 변 ㄱㄷ의 길이는 8+8=16(cm)입니다.

10-1 삼각형 ㄱㄴㄷ은 이등변삼각형이므로 변 ㄴㄹ의 길이는 6 cm이고, 삼각형 ㄹㄴㄷ은 정삼각형이므로 변 ㄹㄷ의 길이는 6 cm입니다.
따라서 변 ㄱㄷ의 길이는 6+6=12(cm)입니다.

10-2 삼각형 ㄱㄴㄷ은 정삼각형이므로 변 ㄱㄷ의 길이는 4 cm이고, 삼각형 ㄱㄷㄹ은 이등변삼각형이므로 변 ㄷㄹ의 길이는 4 cm입니다.
삼각형 ㄱㄷㄹ의 세 변의 길이의 합이 14 cm이므로 변 ㄱㄹ의 길이는 14−4−4=6(cm)입니다.

유형 11 삼각형 ㄱㄴㄷ은 정삼각형이므로 각 ㄱㄴㄷ의 크기는 60°입니다.
삼각형 ㄹㄴㄷ은 이등변삼각형이고 각 ㄴㄹㄷ의 크기가 100°이므로 각 ㄹㄴㄷ과 각 ㄹㄷㄴ의 크기의 합은 180°−100°=80°이고, 각 ㄹㄴㄷ의 크기는 80°÷2=40°입니다.
따라서 각 ㄱㄴㄹ의 크기는 60°−40°=20°입니다.

11-1 삼각형 ㄱㄴㄷ은 정삼각형이므로 각 ㄱㄷㄴ의 크기는 60°입니다.
삼각형 ㄹㄴㄷ은 이등변삼각형이고 각 ㄴㄹㄷ의 크기가 140°이므로 각 ㄹㄴㄷ과 각 ㄹㄷㄴ의 크기의 합은 180°−140°=40°이고, 각 ㄹㄷㄴ의 크기는 40°÷2=20°입니다.
따라서 각 ㄱㄷㄹ의 크기는 60°−20°=40°입니다.

11-2 삼각형 ㄱㄴㄷ은 이등변삼각형이고, 각 ㄱㄷㄴ의 크기가 30°이므로 각 ㄱㄴㄷ과 각 ㄴㄱㄷ의 크기의 합은 180°−30°=150°이고, 각 ㄱㄴㄷ의 크기는 150°÷2=75°입니다.
삼각형 ㄱㄴㄹ은 정삼각형이므로 각 ㄱㄴㄹ의 크기는 60°입니다.
따라서 각 ㄹㄴㄷ의 크기는 75°−60°=15°입니다.

유형 12 삼각형 ㄱㄴㄷ의 한 변의 길이는 63÷3=21(cm)이므로 삼각형 ㄹㄴㅁ의 한 변인 변 ㄹㄴ의 길이는 21−7=14(cm)입니다.

12-1 삼각형 ㄱㄴㅁ은 정삼각형이므로 한 변의 길이는 81÷3=27(cm)입니다.
변 ㄱㄹ의 길이는 27+9=36(cm)이고, 삼각형 ㄱㄷㄹ이 정삼각형이므로 변 ㄱㄷ과 변 ㄷㄹ의 길이도 36 cm입니다.
선분 ㄴㄷ의 길이는 36−27=9(cm)입니다.
따라서 사각형 ㄴㄷㄹㅁ의 네 변의 길이의 합은 27+9+36+9=81(cm)입니다.

소수의 덧셈과 뺄셈

01   02 3.78

03 연우, 일 점 일영칠 04 ㉢

05 0.760 06 723, 114, 837, 8.37

07

08 =

09 (위에서부터) 1.73, 5.19 10 2.74

11 1100 12 ㉠, ㉣ 13 1.2 L

14 2.19 m 15 4 16 0, 1, 1

17 1, 1, 6 18 8.8

19 풀이 참고, 7.92 20 풀이 참고

---

01 모눈 한 칸의 크기가 0.01이므로 71칸을 색칠합니다.

02 0.81 ➡ 0.8, 8.24 ➡ 8, 3.78 ➡ 0.08
따라서 숫자 8이 0.08을 나타내는 수는 3.78입니다.

03 1.107은 일 점 일영칠이라고 읽습니다.
따라서 소수를 잘못 읽은 사람은 연우입니다.

04 숫자 5가 나타내는 수는 각각
㉠ 0.005, ㉡ 0.005, ㉢ 0.05입니다.
따라서 숫자 5가 나타내는 수가 다른 하나는 ㉢입니다.

05 소수의 오른쪽 끝자리에 있는 0은 생략할 수 있습니다. ➡ 0.760=0.76

07 $1.1-0.3=0.8$, $0.8-0.5=0.3$, $3.4-1.7=1.7$

08 $4.8-2.4=2.4$, $3.1-0.7=2.4$이므로
$4.8-2.4=3.1-0.7$입니다.

10 가장 큰 수는 2.55이고, 가장 작은 수는 0.19입니다.
따라서 가장 큰 수와 가장 작은 수의 합은
$2.55+0.19=2.74$입니다.

11 • 0.32의 100배는 32입니다. ➡ □=100
• 1.842는 1842의 $\frac{1}{1000}$입니다. ➡ □=1000
따라서 $100+1000=1100$입니다.

12 ㉠ 0.19 ㉡ 1.9 ㉢ 19 ㉣ 0.19
따라서 나타내는 수가 0.19인 것은 ㉠, ㉣입니다.

13 (지수가 오늘 마신 건강 주스의 양)
$=0.8+0.4=1.2(L)$

14 (남은 리본의 길이)$=5.1-2.91=2.19(m)$

15 자연수 부분이 같고, 소수 둘째 자리 수는 8<9이므로 소수 첫째 자리 수는 5>□입니다.
따라서 □ 안에 들어갈 수 있는 수는 0, 1, 2, 3, 4이므로 가장 큰 수는 4입니다.

16
```
  ㉠ . 2 7
+ 0 . 8 4
─────────
1 . ㉡ ㉢
```
• $7+4=11$ ➡ ㉢=1
• $1+2+8=11$ ➡ ㉡=1
• $1+㉠+0=1$ ➡ ㉠=0

17
```
    3 . 4 ㉠
-   1 . 7 5
─────────
  ㉡ . ㉢ 6
```
• $10+㉠-5=6$ ➡ ㉠=1
• $4-1+10-7=㉢$ ➡ ㉢=6
• $3-1-1=㉡$ ➡ ㉡=1

18 1이 5개이면 5, $\frac{1}{10}$이 26개이면 2.6이므로 설명하는 수는 7.6입니다.
따라서 7.6보다 1.2만큼 더 큰 수는
$7.6+1.2=8.8$입니다.

19 예 수 카드가 3장이고 소수 두 자리 수를 만들므로 자연수 부분은 한 자리 수입니다.
만들 수 있는 가장 큰 수는 9.51이고, 가장 작은 수는 1.59입니다.」❶
따라서 만들 수 있는 가장 큰 수와 가장 작은 수의 차는 $9.51-1.59=7.92$입니다.」❷

채점 기준	
❶ 만들 수 있는 가장 큰 수와 가장 작은 수 각각 구하기	3점
❷ 만들 수 있는 가장 큰 수와 가장 작은 수의 차 구하기	2점

20 예 민지는 교실 벽을 꾸미는 데 2.7 m짜리 보라색 테이프와 0.8 m짜리 분홍색 테이프를 모두 사용하였습니다. 민지가 사용한 색 테이프는 모두 몇 m인가요?」❶
3.5 m」❷

채점 기준	
❶ 문제 만들기	2점
❷ 답 구하기	3점

01 ✕

02 ③

03 8.76

04 1.231

05 ③

06 1.1, 2.8

07 (위에서부터) 3, 10, 6 / 3, 10, 2, 6

08 6.21

09 ( )(○)

10 ㉢

11 9.74

12 0.13

13 100배

14 4.27

15 2.45 km

16 3.69

17 5.88

18 풀이 참고, 2.35

19 4.208

20 풀이 참고, 0, 1, 2

02 ③ $1\frac{1}{100}=1.01$

03 1이 8개이면 8, 0.1이 7개이면 0.7, 0.01이 6개이면 0.06이므로 설명하는 수는 8.76입니다.

04 자연수 부분을 비교하면 $0<1$입니다.
1.231과 1.165는 자연수 부분이 같으므로 소수 첫째 자리 수를 비교하면 1.231이 더 큽니다.
따라서 가장 큰 수는 1.231입니다.

05 소수의 오른쪽 끝자리에 있는 0은 생략할 수 있으므로 2.05와 크기가 같은 수는 ③ 2.050입니다.

07 소수 한 자리 수의 뺄셈은 소수점끼리 맞추어 세로로 쓴 다음, 같은 자리 수끼리 뺍니다. 이때 같은 자리 수끼리 뺄 수 없으면 바로 윗자리에서 받아내림하여 계산합니다.

09 $0.4+0.6=1$, $0.5+0.3=0.8$이므로 계산 결과가 1보다 작은 것은 $0.5+0.3$입니다.

10 ㉠ 0.27 ㉡ 270 ㉢ 2.7 ㉣ 270
따라서 나타내는 수가 2.7인 것은 ㉢입니다.
참고 어떤 수를 10배, 100배, 1000배 하면 소수점을 기준으로 수가 왼쪽으로 한 자리, 두 자리, 세 자리 이동합니다.

11 수 카드가 3장이고 소수 두 자리 수를 만들므로 자연수 부분은 한 자리 수입니다. 자연수 부분부터 차례대로 큰 수를 놓으면 만들 수 있는 가장 큰 소수 두 자리 수는 9.74입니다.

13 ㉠이 나타내는 수는 6이고, ㉡이 나타내는 수는 0.06이므로 ㉠이 나타내는 수는 ㉡이 나타내는 수의 100배입니다.

14 어떤 수를 □라고 하면 $□-0.99=3.28$이므로 $□=3.28+0.99=4.27$입니다.

15 지민이가 걸은 거리의 $\frac{1}{10}$이 0.245 km이므로 지민이가 걸은 거리는 0.245 km의 10배인 2.45 km입니다.

16 $1.67 ▲ 0.35=1.67+1.67+0.35$
　　　　　　　$=3.34+0.35=3.69$

17 $6.01>4.6>3.33>1.82>1.28$이므로 두 번째로 큰 수는 4.6, 가장 작은 수는 1.28입니다.
따라서 두 번째로 큰 수와 가장 작은 수의 합은 $4.6+1.28=5.88$입니다.

18 예 전체 길이는 $2.63+1.49=4.12$(m)입니다. ❶
따라서 $1.77+□=4.12$이므로
$□=4.12-1.77=2.35$입니다. ❷

채점 기준	
❶ 전체 길이 구하기	2점
❷ □ 안에 알맞은 수 구하기	3점

19 ㉠에서 구하는 소수의 일의 자리 숫자는 4입니다.
㉡에서 $4+$(소수 첫째 자리 숫자)$=6$이므로 소수 첫째 자리 숫자는 2입니다.
㉣에서 $2+$(소수 셋째 자리 숫자)$=10$이므로 소수 셋째 자리 숫자는 8입니다.
따라서 구하는 소수 세 자리 수는 4.208입니다.

20 예 $0.□4<0.51$에서 자연수 부분이 같고, 소수 둘째 자리 수는 $4>1$이므로 소수 첫째 자리 수는 $□<5$입니다. 따라서 □ 안에 들어갈 수 있는 수는 0, 1, 2, 3, 4입니다. ❶
$7.832>7.8□5$에서 소수 첫째 자리까지 같고, 소수 셋째 자리 수는 $2<5$이므로 소수 둘째 자리 수는 $3>□$입니다. 따라서 □ 안에 들어갈 수 있는 수는 0, 1, 2입니다. ❷
따라서 □ 안에 공통으로 들어갈 수 있는 수는 0, 1, 2입니다. ❸

채점 기준	
❶ 첫 번째 식에서 □ 안에 들어갈 수 있는 수 구하기	2점
❷ 두 번째 식에서 □ 안에 들어갈 수 있는 수 구하기	2점
❸ □ 안에 공통으로 들어갈 수 있는 수 구하기	1점

01 1.58 **02** 4.009, 사 점 영영구

03 ④

04

05 = **06** 645, 654, <

07 ⑤ **08** 84.61 **09** 10.3

10 3.25 **11**

$$\begin{array}{r} \overset{1}{}\ \overset{10}{} \\ 2\,.\,0\ 8 \\ -\ 1\,.\,4 \\ \hline 0\,.\,6\ 8 \end{array}$$

12 (위에서부터) 2.1, 6.8 **13** ⑤

14 ㉡ **15** 3.1 m **16** 2, 3, 1

17 120.01 **18** 풀이 참고, 15.6

19 풀이 참고, 0.059 km **20** 7.2 km

---

01 모눈 한 칸의 크기가 0.01이고 색칠된 부분은 158칸 이므로 1.58입니다.

03 소수 셋째 자리 숫자는 ① 7, ② 6, ③ 9, ④ 4, ⑤ 8이므로 가장 작은 수는 ④입니다.

04 작은 눈금 한 칸은 0.01을 나타내므로 1.7에서 오른쪽으로 4칸 이동한 곳이 1.74입니다.

05 소수의 오른쪽 끝자리에 있는 0은 생략할 수 있으므로 0.01=0.010입니다.

07 소수의 오른쪽 끝자리에 있는 0은 생략할 수 있습니다. ➡ ⑤ 20.8=20.80

08 1이 8개, 0.1이 4개, 0.01이 6개, 0.001이 1개인 수는 8.461입니다.
따라서 8.461을 10배 한 수는 84.61입니다.

11 소수점의 자리를 맞추어 쓴 다음 같은 자리 수끼리 뺍니다.

13 ① 0.1은 10의 $\frac{1}{100}$입니다. ➡ □=$\frac{1}{100}$

② 0.04는 4의 $\frac{1}{100}$입니다. ➡ □=$\frac{1}{100}$

③ 2.91은 291의 $\frac{1}{100}$입니다. ➡ □=$\frac{1}{100}$

④ 0.073은 7.3의 $\frac{1}{100}$입니다. ➡ □=$\frac{1}{100}$

⑤ 0.856은 856의 $\frac{1}{1000}$입니다. ➡ □=$\frac{1}{1000}$

따라서 □ 안에 알맞은 수가 다른 하나는 ⑤입니다.

14 ㉡ 7.51−2.43=5.08

15 (은설이가 지금 가지고 있는 털실의 길이)
＝(처음에 가지고 있던 털실의 길이)
  ＋(친구에게 받은 털실의 길이)
  −(학교에서 사용한 털실의 길이)
＝5.5+1.2−3.6=6.7−3.6=3.1(m)

16 1.2+3.57=4.77, 2.44+2.16=4.6,
0.87+4.1=4.97 ➡ 4.6<4.77<4.97

17 수 카드가 4장이고 소수 두 자리 수를 만들므로 자연수 부분은 두 자리 수입니다. 만들 수 있는 가장 큰 소수 두 자리 수는 96.32이고, 가장 작은 소수 두 자리 수는 23.69입니다.
따라서 만들 수 있는 가장 큰 수와 가장 작은 수의 합은 96.32+23.69=120.01입니다.

18 예 어떤 수를 □라고 하면 □−2.6=10.4이므로 □=10.4+2.6=13입니다. ❶
따라서 바르게 계산하면 13+2.6=15.6입니다. ❷

채점 기준	
❶ 어떤 수 구하기	3점
❷ 바르게 계산하기	2점

19 예 100 m=0.1 km이므로 선우가 달린 거리는
0.1−0.033=0.067(km)입니다. ❶
도진이는 선우보다 17 m 앞에 있고,
17 m=0.017 km이므로 도진이가 달린 거리는
0.067+0.017=0.084(km)입니다. ❷
미수는 도진이보다 25 m 뒤에 있고,
25 m=0.025 km이므로 미수가 달린 거리는
0.084−0.025=0.059(km)입니다. ❸

채점 기준	
❶ 선우가 달린 거리 구하기	1점
❷ 도진이가 달린 거리 구하기	2점
❸ 미수가 달린 거리 구하기	2점

다른 풀이 1 km=1000 m임을 이용합니다.
(선우가 달린 거리)=100−33=67(m)
(도진이가 달린 거리)=67+17=84(m)
(미수가 달린 거리)=84−25=59(m)
➡ 0.059 km

20 (㉠에서 ㉣까지의 거리)
＝(㉠에서 ㉢까지의 거리)
  ＋(㉡에서 ㉣까지의 거리)
  −(㉡에서 ㉢까지의 거리)
＝4.9+5.6−3.3=10.5−3.3=7.2(km)

정답 및 풀이

01 0.04, 영 점 영사

02 (왼쪽에서부터) 4, 7, 0.09   03 혜수

04 1.114, 1.126   05 4.879

06 (왼쪽에서부터) $\frac{1}{10}$, 1, 10

07 0.200   08 ㉠   09 1.85, 1.85

10 풀이 참고   11 >   12 0.59 kg

13 (위에서부터) 0.66, 0.19   14 4.06

15 서영, 0.17 kg   16 184

17 3개   18 0.8   19 2.73

20 풀이 참고, 22.58 cm

---

03 3.75는 0.01이 375개인 수이고, 소수 둘째 자리 숫자는 5입니다.
따라서 바르게 설명한 사람은 혜수입니다.

04 작은 눈금 한 칸은 0.001을 나타냅니다.

05 0.1이 43개이면 4.3이고, 0.001이 579개이면 0.579이므로 설명하는 수는 4.879입니다.

08 ㉠ 0.001이 3480개인 수는 3.48입니다.
ㄴ 0.01이 357개인 수는 3.57입니다.
따라서 더 작은 수는 ㉠입니다.

10 예 소수 첫째 자리에서 일의 자리로 받아올림하지 않고 일의 자리를 계산했습니다. ❶

$$\begin{array}{r} 1 \\ 2.7 \\ +\ 3.5 \\ \hline 6.2 \end{array}$$ ❷

채점 기준	
❶ 잘못 계산한 이유 쓰기	2점
❷ 바르게 계산하기	3점

11 1.38+7.9=9.28, 3.6+5.59=9.19
➡ 1.38+7.9>3.6+5.59

12 (토마토를 담은 접시의 무게)
=0.4+0.19=0.59(kg)

13 0.34와 더하여 1이 되는 수는 1−0.34=0.66입니다.
0.81과 더하여 1이 되는 수는 1−0.81=0.19입니다.

14 0.1이 31개인 수는 3.1이고, 0.01이 96개인 수는 0.96이므로 3.1+0.96=4.06입니다.
주의 0.1이 31개인 수를 0.31, 0.01이 96개인 수를 0.096으로 쓰지 않도록 주의합니다.

15 2310 g=2.31 kg이고, 2.48>2.31입니다.
따라서 서영이 가방이 2.48−2.31=0.17(kg) 더 가볍습니다.

16 어떤 수의 $\frac{1}{100}$이 1.84이므로 어떤 수는 1.84의 100배인 184입니다.

17 수 카드가 4장이고 소수 세 자리 수를 만들므로 자연수 부분은 한 자리 수입니다.
1.582보다 작은 수는 일의 자리 숫자는 1이고, 소수 첫째 자리 숫자는 2 또는 5이어야 합니다.
소수 첫째 자리 숫자가 2이고, 1.582보다 작은 수는 1.258, 1.285입니다.
소수 첫째 자리 숫자가 5이고, 1.582보다 작은 수는 1.528입니다.
따라서 구하는 수는 1.258, 1.285, 1.528로 모두 3개입니다.
참고 수 카드 4장을 한 번씩 모두 사용하여 만들 수 있는 소수 세 자리 수는 □.□□□입니다.

18 0.6=1.5−□라고 생각하면
□=1.5−0.6=0.9입니다.
0.6<1.5−□이므로 □ 안에 들어갈 수 있는 수는 0.9보다 작은 수입니다.
따라서 □ 안에 들어갈 수 있는 가장 큰 소수 한 자리 수는 0.8입니다.

19 4.71★0.99=4.71−0.99−0.99
=3.72−0.99=2.73

20 예 색 테이프 3장을 겹치게 이어 붙였으므로 겹친 부분은 2군데입니다.
이어 붙여 만든 색 테이프의 전체 길이는 색 테이프 3장의 길이의 합에서 겹친 부분 2군데의 길이를 빼서 구합니다. ❶
따라서 이어 붙여 만든 색 테이프의 전체 길이는
9.16+9.16+9.16−2.45−2.45=22.58(cm)입니다. ❷

채점 기준	
❶ 이어 붙여 만든 색 테이프의 전체 길이를 구하는 방법 설명하기	3점
❷ 이어 붙여 만든 색 테이프의 전체 길이 구하기	2점

유형 1	3.453, 3.464	1-1	4.43
1-2	8.94, 9.08	1-3	0.04
유형 2	㉢	2-1	0.19, 5.79
2-2	0.125	2-3	㉠, ㉢, ㉣, ㉡
유형 3	3.99	3-1	⑤	3-2	15.15
3-3	9.71	유형 4	3.259	4-1	17.34
4-2	3	4-3	8.619	유형 5	3.12 km
5-1	3.3 km	5-2	11.38 kg
5-3	3.1 km	유형 6	은찬, 5.3 m
6-1	도준, 0.08 L	6-2	4.3 m
6-3	1.09 m	유형 7	12.49	7-1	24.55
7-2	5.1	7-3	12.44	유형 8	0, 1, 2, 3
8-1	8, 9	8-2	4, 5, 6	8-3	4개
유형 9	28.38	9-1	①	9-2	22.55
9-3	17.4	유형 10	271 mL
10-1	0.316 km	10-2	12.34 m
10-3	5894	유형 11	4.44
11-1	76.4, 46.7, 29.7	11-2	110.1
유형 12	13.1	12-1	18.31	12-2	6
12-3	7개			

유형 1 작은 눈금 한 칸은 0.001을 나타내므로 ㉠이 나타내는 수는 3.453, ㉡이 나타내는 수는 3.464입니다.

1-1 작은 눈금 한 칸은 0.01을 나타내므로 ㉠이 나타내는 수는 2.15, ㉡이 나타내는 수는 2.28입니다. 따라서 ㉠과 ㉡이 나타내는 수의 합은 2.15+2.28=4.43입니다.

1-2 작은 눈금 한 칸은 0.02를 나타내므로 ㉠이 나타내는 수는 8.94, ㉡이 나타내는 수는 9.08입니다.

1-3 작은 눈금 한 칸은 0.02를 나타내므로 ㉠이 나타내는 수는 1.78, ㉡이 나타내는 수는 1.82입니다.
따라서 ㉠과 ㉡이 나타내는 수의 차는 1.82-1.78=0.04입니다.

유형 2 숫자 3이 나타내는 수는 각각 ㉠ 0.3, ㉡ 0.03, ㉢ 3이므로 가장 큰 수는 ㉢입니다.

2-1 9.11 ➡ 9, 0.19 ➡ 0.09, 3.98 ➡ 0.9, 5.79 ➡ 0.09
따라서 숫자 9가 나타내는 수가 0.09인 수는 0.19, 5.79입니다.

2-2 0.54 ➡ 0.5, 5.1 ➡ 5, 0.125 ➡ 0.005
따라서 숫자 5가 나타내는 수가 가장 작은 수는 0.125입니다.

2-3 숫자 1이 나타내는 수는 각각 ㉠ 1, ㉡ 0.001, ㉢ 0.1, ㉣ 0.01입니다.
따라서 숫자 1이 나타내는 수가 큰 것부터 차례대로 쓰면 ㉠, ㉢, ㉣, ㉡입니다.

유형 3 가장 큰 수는 2.78, 가장 작은 수는 1.21입니다.
따라서 가장 큰 수와 가장 작은 수의 합은 2.78+1.21=3.99입니다.

3-1 가장 큰 수는 16.8, 가장 작은 수는 1.12입니다.
따라서 가장 큰 수와 가장 작은 수의 차는 16.8-1.12=15.68입니다.

3-2 가장 큰 수는 10.32, 가장 작은 수는 4.83입니다.
따라서 가장 큰 수와 가장 작은 수의 합은 10.32+4.83=15.15입니다.

3-3 가장 큰 수는 11.3, 가장 작은 수는 4.21입니다.
➡ 11.3+4.21-5.8=15.51-5.8=9.71

유형 4 1이 3개이면 3, 0.1이 2개이면 0.2, 0.01이 5개이면 0.05, 0.001이 9개이면 0.009이므로 설명하는 수는 3.259입니다.

4-1 1이 10개이면 10, 0.1이 71개이면 7.1, 0.01이 24개이면 0.24이므로 설명하는 수는 17.34입니다.

4-2 1이 4개이면 4, 0.1이 6개이면 0.6, 0.01이 12개이면 0.12, 0.001이 11개이면 0.011이므로 설명하는 수는 4.731입니다.
이 수의 소수 둘째 자리 숫자는 3입니다.

4-3 10이 8개이면 80, 1이 5개이면 5, 0.1이 2개이면 0.2, 0.01이 99개이면 0.99이므로 설명하는 수는 86.19입니다.
86.19의 $\frac{1}{10}$은 8.619입니다.

유형 5 (채린이네 집에서 도서관을 지나 병원까지의 거리)
= (채린이네 집에서 도서관까지의 거리)
　+ (도서관에서 병원까지의 거리)
= 1.34 + 1.78 = 3.12(km)

5-1 (다은이네 집에서 학교를 지나 놀이터까지의 거리)
= (다은이네 집에서 학교까지의 거리)
　+ (학교에서 놀이터까지의 거리)
= 1.2 + 2.1 = 3.3(km)

5-2 (파인애플이 들어 있는 상자와 배가 들어 있는 상자의 무게의 합)
= (파인애플이 들어 있는 상자의 무게)
　+ (배가 들어 있는 상자의 무게)
= 4.5 + 6.88 = 11.38(kg)

5-3 (민지가 달린 거리) = 0.6 + 0.6 = 1.2(km)
➡ (진혁이와 민지가 달린 거리)
= (진혁이가 달린 거리)
　+ (민지가 달린 거리)
= 1.9 + 1.2 = 3.1(km)

유형 6 16.6 > 11.3이므로 은찬이가 공을
16.6 − 11.3 = 5.3(m) 더 멀리 던졌습니다.

6-1 0.51 > 0.43이므로 도준이가 우유를
0.51 − 0.43 = 0.08(L) 더 많이 마셨습니다.

6-2 120 cm = 1.2 m
➡ (희주가 가지고 있는 끈의 길이)
= (이수가 가지고 있는 끈의 길이) − 1.2
= 5.5 − 1.2 = 4.3(m)

6-3 191 cm = 1.91 m
➡ (남은 실의 길이)
= (처음에 있던 실의 길이)
　− (사용한 실의 길이)
= 3 − 1.91 = 1.09(m)

유형 7 어떤 수를 $\square$라고 하면 $\square$ − 1.62 = 10.87이므로 $\square$ = 10.87 + 1.62 = 12.49입니다.

7-1 $\square$ = 45.89 − 21.34 = 24.55

7-2 어떤 수를 $\square$라고 하면 $\square$ + 20.3 = 25.4이므로 $\square$ = 25.4 − 20.3 = 5.1입니다.

7-3 어떤 수를 $\square$라고 하면 $\square$ − 3.45 = 7.88이므로 $\square$ = 7.88 + 3.45 = 11.33입니다.
따라서 11.33 + 1.11 = 12.44입니다.

유형 8 소수 첫째 자리까지 같고, 소수 셋째 자리 수는 7 < 9이므로 소수 둘째 자리 수는 $\square$ = 3이거나 $\square$ < 3입니다.
따라서 $\square$ 안에 들어갈 수 있는 수는 0, 1, 2, 3입니다.

8-1 자연수 부분이 같고, 소수 둘째 자리 수는 1 < 2이므로 소수 첫째 자리 수는 $\square$ > 7입니다.
따라서 $\square$ 안에 들어갈 수 있는 수는 8, 9입니다.

8-2 자연수 부분이 같고, 소수 둘째 자리 수는 6 > 5이므로 소수 첫째 자리 수는 3 < $\square$입니다.
따라서 $\square$ 안에 들어갈 수 있는 수는 4, 5, 6입니다.

8-3 소수 첫째 자리까지 같고, 소수 셋째 자리 수는 0 < 7이므로 소수 둘째 자리 수는 4 > $\square$입니다.
따라서 $\square$ 안에 들어갈 수 있는 수는 0, 1, 2, 3으로 모두 4개입니다.

유형 9 어떤 수를 $\square$라고 하면 $\square$ − 8.13 = 12.12이므로 $\square$ = 12.12 + 8.13 = 20.25입니다.
따라서 바르게 계산하면 20.25 + 8.13 = 28.38입니다.

9-1 어떤 수를 $\square$라고 하면 $\square$ + 25.5 = 55.9이므로 $\square$ = 55.9 − 25.5 = 30.4입니다.
따라서 바르게 계산하면 30.4 − 25.5 = 4.9입니다.

9-2 어떤 수를 $\square$라고 하면 $\square$ + 24.56 = 71.67이므로 $\square$ = 71.67 − 24.56 = 47.11입니다.
따라서 바르게 계산하면
47.11 − 24.56 = 22.55입니다.

9-3 어떤 수를 □라고 하면 $9.5-□=1.6$이므로
$□=9.5-1.6=7.9$입니다.
따라서 바르게 계산하면 $9.5+7.9=17.4$입니다.

유형 10 동연이가 마신 우유 양의 $\frac{1}{100}$이 2.71 mL이
므로 동연이가 마신 우유는 2.71 mL의 100배
인 271 mL입니다.

10-1 지수가 걸은 거리를 100배 하면 31.6 km이므
로 지수가 걸은 거리는 31.6 km의 $\frac{1}{100}$인
0.316 km입니다.

10-2 수민이가 사용한 리본 길이의 $\frac{1}{10}$이 1.234 m이
므로 수민이가 사용한 리본 길이는 1.234 m의
10배인 12.34 m입니다.

10-3 어떤 수의 $\frac{1}{100}$이 58.94이므로 어떤 수는 58.94
의 100배인 5894입니다.

유형 11 수 카드가 3장이고 소수 두 자리 수를 만들므로
자연수 부분은 한 자리 수입니다. 만들 수 있는
가장 큰 수는 3.21이고, 가장 작은 수는 1.23입
니다.
따라서 만들 수 있는 가장 큰 수와 가장 작은 수
의 합은 $3.21+1.23=4.44$입니다.
[참고] 수 카드 3장을 한 번씩 모두 사용하여 만들
수 있는 소수 두 자리 수는 □.□□입니다. 이
때 가장 큰 소수는 앞에서부터 차례대로 큰 수를
놓아 만들고, 가장 작은 소수는 앞에서부터 차례
대로 작은 수를 놓아 만듭니다.

11-1 수 카드가 3장이고 소수 한 자리 수를 만들므로
자연수 부분은 두 자리 수입니다. 만들 수 있는
가장 큰 수는 76.4이고, 가장 작은 수는 46.7입
니다.
따라서 만들 수 있는 가장 큰 수와 가장 작은 수
의 차는 $76.4-46.7=29.7$입니다.
[참고] 수 카드 3장을 한 번씩 모두 사용하여 만들
수 있는 소수 한 자리 수는 □□.□입니다.

11-2 수 카드가 4장이고 소수 두 자리 수를 만들므로
자연수 부분은 두 자리 수입니다. 이때 만들 수
있는 소수 첫째 자리 숫자가 0인 가장 큰 수는
95.01이고, 두 번째로 큰 수는 91.05입니다. 만
들 수 있는 소수 첫째 자리 숫자가 0인 가장 작
은 수는 15.09이고, 두 번째로 작은 수는 19.05
입니다.
따라서 만들 수 있는 소수 첫째 자리 숫자가 0
인 두 번째로 큰 수와 두 번째로 작은 수의 합은
$91.05+19.05=110.1$입니다.
[참고] 수 카드 4장을 한 번씩 모두 사용하여 만들
수 있는 소수 두 자리 수는 □□.□□입니다.
이때 소수 첫째 자리 숫자가 0이므로
□□.0□입니다.

유형 12 $23.5=□+10.3$이라고 생각하면
$□=23.5-10.3=13.2$입니다.
$23.5>□+10.3$이므로 □ 안에 들어갈 수 있
는 수는 13.2보다 작은 수입니다.
따라서 □ 안에 들어갈 수 있는 가장 큰 소수
한 자리 수는 13.1입니다.

12-1 $11.24=□-7.06$이라고 생각하면
$□=11.24+7.06=18.3$입니다.
$11.24<□-7.06$이므로 □ 안에 들어갈 수 있
는 수는 18.3보다 큰 수입니다.
따라서 □ 안에 들어갈 수 있는 가장 작은 소수
두 자리 수는 18.31입니다.

12-2 $8.□5-8.32=0.23$이라고 생각하면
$8.□5=0.23+8.32=8.55$입니다.
$8.□5-8.32>0.23$이므로 $8.□5$는 8.55보다
큰 수입니다.
따라서 □ 안에 들어갈 수 있는 가장 작은 수는
6입니다.

12-3 $7.9-6.□6=1.64$라고 생각하면
$6.□6=7.9-1.64=6.26$입니다.
$7.9-6.□6<1.64$이므로 $6.□6$은 6.26보다
큰 수입니다.
따라서 □ 안에 들어갈 수 있는 수는 3, 4, 5,
6, 7, 8, 9이므로 모두 7개입니다.

정답 및 풀이

4단원 사각형

66~68쪽 AI가 추천한 단원 평가 1회

01 직선 다

02 변 ㄴㄷ(또는 변 ㄷㄴ), 변 ㄹㄷ(또는 변 ㄷㄹ)

03 변 ㄱㄴ(또는 변 ㄴㄱ), 변 ㄹㄷ(또는 변 ㄷㄹ)

04 사다리꼴　　05 7 cm　　06 3개

07 ㉡, ㉢, ㉣, ㉠

08 가, 나, 다, 라, 마　　09 나, 라, 마

10 라, 마　　11 ③　　12 6쌍

13 ㉣　　14 ④　　15 60°

16 풀이 참고, 24 cm　　17 15 cm

18 39개　　19 55°

20 풀이 참고, 130°

06 마름모는 나, 다, 마로 3개입니다.

10 직사각형은 네 각이 모두 직각인 사각형이므로 라, 마입니다.

11 마주 보는 한 쌍의 변이 서로 평행하도록 점 ㄱ을 ③으로 옮깁니다.

12

따라서 평행선은 모두 6쌍입니다.

13 ㉣ 평행사변형의 이웃하는 두 각의 크기가 항상 같은 것은 아닙니다.

14 평행사변형에서 마주 보는 두 변의 길이는 같습니다.
따라서 평행사변형의 네 변의 길이의 합은
$12+13+12+13=50$(cm)입니다.

15 마름모는 마주 보는 두 각의 크기가 서로 같으므로 각 ㄱㄷㄹ의 크기는 60°이고, 마름모의 네 변의 길이가 모두 같으므로 변 ㄱㄹ의 길이와 변 ㄷㄹ의 길이가 같습니다.
따라서 삼각형 ㄱㄷㄹ은 이등변삼각형이므로 각 ㄷㄱㄹ과 각 ㄱㄷㄹ의 크기의 합은
$180°-60°=120°$이고, 각 ㄷㄱㄹ의 크기는
$120°÷2=60°$입니다.

16 예 직선 가와 직선 라 사이의 거리가 60 cm이고, 직선 나와 직선 라 사이의 거리가 51 cm이므로 직선 가와 직선 나 사이의 거리는
$60-51=9$(cm)입니다.❶
직선 가와 직선 다 사이의 거리가 33 cm이므로 직선 나와 직선 다 사이의 거리는
$33-9=24$(cm)입니다.❷

채점 기준

❶ 직선 가와 직선 나 사이의 거리 구하기	3점
❷ 직선 나와 직선 다 사이의 거리 구하기	2점

17 작은 직사각형의 짧은 변의 길이를 ☐ cm라고 하면 긴 변의 길이는 (☐+☐+☐) cm입니다.
작은 직사각형의 네 변의 길이의 합은 40 cm이므로
☐+(☐+☐+☐)+☐+(☐+☐+☐)=40,
☐×8=40, ☐=5입니다.
따라서 처음 정사각형의 한 변의 길이는
$5+5+5=15$(cm)입니다.

18 • 정삼각형 2개짜리:

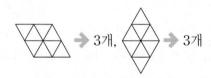

　10개, 　10개, 　10개,

• 정삼각형 8개짜리: 　3개,

　3개, 　3개

따라서 $10+10+10+3+3+3=39$(개)입니다.

19 수직인 두 선분이 이루는 각의 크기는 90°이므로 각 ㄱㅁㄷ과 각 ㄴㅁㄹ은 각각 90°입니다.
각 ㄱㅁㄴ의 크기는 $125°-90°=35°$입니다.
따라서 각 ㄴㅁㄷ의 크기는 $90°-35°=55°$입니다.

20 예 평행사변형은 이웃하는 두 각의 크기의 합이 180°이므로 각 ㄱㄹㄷ의 크기는 $180°-110°=70°$입니다.❶
마름모는 이웃하는 두 각의 크기의 합이 180°이므로 각 ㄷㄹㅂ의 크기는 $180°-120°=60°$입니다.❷
따라서 각 ㄱㄹㅂ의 크기는 $70°+60°=130°$입니다.❸

채점 기준

❶ 각 ㄱㄹㄷ의 크기 구하기	2점
❷ 각 ㄷㄹㅂ의 크기 구하기	2점
❸ 각 ㄱㄹㅂ의 크기 구하기	1점

01 ㄴ	02 가, 다	03 ⑤
04 (왼쪽에서부터) 90, 9, 4		05 가, 라
06 ㉠	07 90	08 영수
09 ㉢	10 45°	11 16 cm
12 풀이 참고	13 4가지	14 11 cm
15 풀이 참고, 70 cm		16 11 cm
17 5개	18 140°	19 13 cm
20 134°		

09 평행선은 ㉠ 1쌍, ㉡ 4쌍, ㉢ 2쌍 있습니다.

10 평행사변형에서 마주 보는 한 쌍의 각의 크기가 같으므로 각 ㄱㄴㄷ의 크기는 135°입니다.
한 직선이 이루는 각의 크기는 180°이므로
각 ㄱㄴㅁ의 크기는 $180° - 135° = 45°$입니다.

11 마름모는 네 변의 길이가 모두 같으므로 만든 마름모의 한 변의 길이는 $64 \div 4 = 16(cm)$입니다.

12 예 정사각형이 아닙니다. ➊
주어진 도형은 네 변의 길이가 모두 같지만 네 각이 모두 직각이 아니므로 정사각형이 아닙니다. ➋

채점 기준	
➊ 정사각형이 아님을 알기	2점
➋ 주어진 도형이 정사각형이 아닌 이유 설명하기	3점

13 오른쪽과 같이 각 변에 평행한 선분을 따라 자르면 사다리꼴이 됩니다.
따라서 만들 수 있는 사다리꼴은 모두 4가지입니다.

14 직선 가와 직선 다 사이의 거리가 8 cm이고 직선 가와 직선 나 사이의 거리가 2 cm이므로 직선 나와 직선 다 사이의 거리는 $8 - 2 = 6(cm)$입니다.
직선 다와 직선 라 사이의 거리가 5 cm이므로 직선 나와 직선 라 사이의 거리는 $6 + 5 = 11(cm)$입니다.

15 예 마름모는 네 변의 길이가 모두 같습니다. ➊
만든 사각형의 네 변의 길이의 합은 7 cm짜리 변 10개의 길이와 같으므로 $7 \times 10 = 70(cm)$입니다. ➋

채점 기준	
➊ 마름모의 변의 길이의 성질 알기	2점
➋ 만든 사각형의 네 변의 길이의 합 구하기	3점

16 (변 ㄱㅇ과 변 ㅂㅅ 사이의 거리)
　＝(변 ㄱㄴ의 길이)＋(변 ㄷㄹ의 길이)
　　＋(변 ㅁㅂ의 길이)
　＝$2 + 4 + 5 = 11(cm)$

17 막대의 길이가 모두 같으므로 네 변의 길이가 모두 같은 사각형을 만들 수 있습니다.
• 네 변의 길이가 모두 같습니다. ➡ 마름모
• 마주 보는 두 쌍의 변이 서로 평행합니다.
　➡ 평행사변형
• 평행한 변이 한 쌍이라도 있습니다. ➡ 사다리꼴
• 네 각이 모두 직각인 사각형을 만들 수 있습니다.
　➡ 직사각형
• 네 변의 길이가 모두 같고, 네 각이 모두 직각인 사각형을 만들 수 있습니다. ➡ 정사각형

18

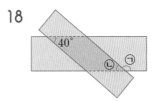

겹쳐진 부분은 마주 보는 두 쌍의 변이 서로 평행하므로 평행사변형입니다. 평행사변형의 마주 보는 두 각의 크기는 같으므로 ㉡의 각도는 40°입니다.
한 직선이 이루는 각의 크기는 180°이므로 ㉠의 각도는 $180° - 40° = 140°$입니다.

19 마름모는 네 변의 길이가 모두 같으므로 전체 끈의 길이는 $10 + 10 + 10 + 10 = 40(cm)$입니다.
평행사변형의 긴 변의 길이를 ☐ cm라고 하면 짧은 변의 길이는 (☐−6) cm입니다.
평행사변형은 마주 보는 두 변의 길이가 같고, 네 변의 길이의 합이 40 cm이므로
☐＋(☐−6)＋☐＋(☐−6)＝40,
☐＋☐＋☐＋☐＝52, ☐＝13입니다.
따라서 평행사변형의 긴 변의 길이는 13 cm입니다.

20

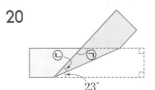

접은 각과 접힌 각의 크기는 같으므로 ㉡의 각도는 23°입니다.
사각형의 네 각의 크기의 합은 360°이므로 ㉠의 각도는 $360° - 90° - 90° - 23° - 23° = 134°$입니다.

정답 및 풀이

72~74쪽 AI가 추천한 단원 평가 3회

01 ②　　02 ②
03 (왼쪽에서부터) 150, 5　　04 4
05 직선 라, 직선 사　　06 4개
07 가, 라 / 가　　08 ㉢　　09 40°
10 7개　　11 3쌍　　12 ④
13 11 cm　　14 풀이 참고, 134°
15 풀이 참고, 7 cm　　16 12 cm
17 32 cm　　18 66°　　19 12°
20 144°

06 평행사변형은 가, 다, 마, 바로 4개입니다.

08 만들어지는 사각형은 오른쪽과 같으므로 사다리꼴입니다.

09 각 ㄴㅁㄹ의 크기는 90°이므로 ㉠의 각도는 90°−50°=40°입니다.

10 잘라 낸 도형들은 모두 평행한 변이 한 쌍 있기 때문에 모두 사다리꼴입니다.

11 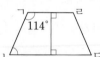 ➡ 3쌍

12 정사각형의 네 각의 크기는 모두 90°로 같습니다.

13 평행한 변 중에서 가장 멀리 떨어져 있는 것을 찾으면 변 ㄱㄴ과 변 ㅊㅈ입니다.
모눈 1칸은 1 cm이고, 변 ㄱㄴ과 변 ㅊㅈ 사이의 거리는 모눈 11칸이므로 변 ㄱㄴ과 변 ㅊㅈ 사이의 거리는 11 cm입니다.

14 예 삼각형의 세 각의 크기의 합은 180°이므로 각 ㄴㄱㄹ의 크기는 180°−23°−23°=134°입니다. ❶
마름모에서 마주 보는 두 각의 크기가 같으므로 각 ㄴㄷㄹ의 크기는 134°입니다. ❷

채점 기준	
❶ 각 ㄴㄱㄹ의 크기 구하기	3점
❷ 각 ㄴㄷㄹ의 크기 구하기	2점

15 예 평행사변형은 마주 보는 두 변의 길이가 같으므로 평행사변형을 만드는 데 사용한 철사의 길이는 12+7+12+7=38(cm)입니다. ❶
따라서 평행사변형을 만들고 남은 철사의 길이는 45−38=7(cm)입니다. ❷

채점 기준	
❶ 평행사변형을 만드는 데 사용한 철사의 길이 구하기	3점
❷ 평행사변형을 만들고 남은 철사의 길이 구하기	2점

16 직사각형은 마주 보는 두 변의 길이가 같으므로 변 ㄱㄴ의 길이를 □ cm라고 하면 □+28+□+28=80, □+□=24, □=12 입니다.
따라서 변 ㄱㄴ의 길이는 12 cm입니다.

17 평행사변형은 마주 보는 두 변의 길이가 같으므로 변 ㄷㄹ의 길이는 7 cm이고, 변 ㄱㄷ의 길이는 6 cm입니다.
한 직선이 이루는 각의 크기는 180°이므로 각 ㄱㄷㄴ의 크기는 180°−120°=60°입니다.
삼각형 ㄱㄷㄴ은 이등변삼각형이므로 각 ㄱㄴㄷ의 크기는 60°이고, 각 ㄴㄱㄷ의 크기는 180°−60°−60°=60°이므로 삼각형 ㄱㄴㄷ은 정삼각형입니다.
따라서 변 ㄱㄴ의 길이와 변 ㄴㄷ의 길이는 모두 6 cm이므로 사각형 ㄱㄴㄹㅁ의 네 변의 길이의 합은 7+6+6+7+6=32(cm)입니다.

18 서로 평행한 두 변에 수직인 선분을 그었을 때 만들어진 두 사각형은 모두 사다리꼴입니다.

따라서 사각형의 네 각의 크기의 합은 360°이므로 각 ㄱㄴㄷ의 크기는 360°−114°−90°−90°=66°입니다.

19 선분 ㅁㅂ은 선분 ㄱㄷ에 대한 수선이므로 각 ㅁㅂㄷ의 크기는 90°이고, ㉠=90°−51°=39°입니다.
한 직선이 이루는 각의 크기는 180°이므로 ㉡=180°−90°−39°=51°입니다.
따라서 ㉡−㉠=51°−39°=12°입니다.

20 한 직선이 이루는 각의 크기는 180°이므로 각 ㄷㅁㅂ의 크기는 180°−72°=108°입니다.
평행사변형은 이웃하는 두 각의 크기의 합이 180°이므로 각 ㅅㄷㅁ의 크기는 180°−108°=72°입니다.
한 직선이 이루는 각의 크기는 180°이므로 각 ㄴㄷㄹ의 크기는 180°−72°−72°=36°입니다.
변 ㄱㄹ과 변 ㄴㄷ이 서로 평행하므로 각 ㄹㄱㄴ의 크기는 90°입니다.
따라서 사각형 ㄱㄴㄷㄹ의 네 각의 크기의 합은 360°이므로 각 ㄱㄹㄷ의 크기는 360°−90°−90°−36°=144°입니다.

01 (○)( )( )
02 ( )(×)( )
03 ㉠   04 ③   05 55, 55
06 나, 다, 마, 바 / 다, 바   07 90°
08 ①   09 우혁   10 ①, ②
11 직사각형, 정사각형   12 ①
13 26 cm   14 24 cm   15 40°, 55°
16 36°   17 풀이 참고, 19 cm
18 9 cm   19 풀이 참고, 160°
20 115°

10 겹쳐진 부분은 마주 보는 두 쌍의 변이 서로 평행하므로 사다리꼴, 평행사변형입니다.

11 • 마주 보는 두 쌍의 변이 서로 평행한 사각형
  ➡ 평행사변형, 마름모, 직사각형, 정사각형
  • 네 각의 크기가 모두 같은 사각형
  ➡ 직사각형, 정사각형
  따라서 조건을 모두 만족하는 사각형은 직사각형, 정사각형입니다.

12 마주 보는 두 쌍의 변이 서로 평행하도록 점 ㄱ을 ①로 옮깁니다.

13 변 ㄱㄴ과 변 ㄹㄷ 사이의 거리는 변 ㄱㄴ과 변 ㄹㄷ 사이의 수선의 길이와 같으므로 변 ㄱㅂ의 길이와 변 ㅁㄹ의 길이의 합과 같습니다.
  따라서 변 ㄱㅂ의 길이는 30−4=26(cm)입니다.

14 빗금 친 부분을 펼쳤을 때 만들어지는 사각형은 네 변의 길이가 모두 같고, 네 각이 모두 직각이므로 정사각형입니다.
  따라서 한 변의 길이가 6 cm인 정사각형이므로 네 변의 길이의 합은 6+6+6+6=24(cm)입니다.

15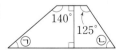
  서로 평행한 두 변에 수직인 선분을 그었을 때 만들어진 두 사각형은 모두 사다리꼴입니다.
  두 사각형의 네 각의 크기의 합은 각각 360°이므로 ㉠의 각도는 360°−140°−90°−90°=40°이고, ㉡의 각도는 360°−125°−90°−90°=55°입니다.

16 각 ㄱㄹㄷ의 크기를 □라고 하면 각 ㄴㄱㄹ의 크기는 □+□+□+□입니다.
  마름모는 이웃하는 두 각의 크기의 합이 180°이므로
  □+□+□+□+□=180°, □=36°입니다.
  따라서 각 ㄱㄹㄷ의 크기는 36°입니다.

17 **예** 삼각형 ㄱㄴㄷ은 이등변삼각형이므로 변 ㄱㄷ의 길이는 변 ㄱㄴ의 길이와 같은 4 cm입니다.❶
  마름모는 네 변의 길이가 모두 같으므로 변 ㄱㅁ의 길이, 변 ㅁㄹ의 길이, 변 ㄷㄹ의 길이가 모두 4 cm입니다.❷
  따라서 사각형 ㄱㄴㄷㅁ의 네 변의 길이의 합은 4+3+4+4+4=19(cm)입니다.❸

채점 기준	
❶ 변 ㄱㄷ의 길이 구하기	2점
❷ 변 ㄱㅁ, 변 ㅁㄹ, 변 ㄷㄹ의 길이 구하기	2점
❸ 사각형 ㄱㄴㄷㅁ의 네 변의 길이의 합 구하기	1점

18 정삼각형은 세 변의 길이가 모두 같으므로 정삼각형의 세 변의 길이의 합은 12+12+12=36(cm)입니다. 따라서 마름모의 네 변의 길이의 합은 36 cm이고, 마름모는 네 변의 길이가 모두 같으므로 한 변의 길이는 36÷4=9(cm)입니다.

19 **예** 평행사변형은 이웃하는 두 각의 크기의 합이 180°이므로 각 ㄱㄴㄷ의 크기는 180°−110°=70°입니다.❶
  직사각형은 네 각이 모두 직각이므로 각 ㅁㄴㄷ의 크기는 90°입니다.❷
  따라서 각 ㄱㄴㅁ의 크기는 70°+90°=160°입니다.❸

채점 기준	
❶ 각 ㄱㄴㄷ의 크기 구하기	2점
❷ 각 ㅁㄴㄷ의 크기 구하기	2점
❸ 각 ㄱㄴㅁ의 크기 구하기	1점

20 가
  나
  직선 가와 직선 나 사이에 수선을 긋습니다.
  한 직선이 이루는 각의 크기는 180°이므로 ㉠의 각도는 180°−40°=140°입니다.
  사각형의 네 각의 크기의 합은 360°이므로 ㉡의 각도는 360°−90°−90°−140°=40°입니다.
  한 직선이 이루는 각의 크기는 180°이므로 각 ㄴㄷㄹ의 크기는 180°−40°−25°=115°입니다.

정답 및 풀이

78~83쪽 틀린 유형 다시 보기

유형1	②	1-1 ①	1-2 ⓒ
유형2	100 cm	2-1 78 cm	2-2 48 cm
유형3	6쌍	3-1 7쌍	3-2 ⓒ
유형4	ⓒ, ⓔ	4-1 마름모, 정사각형	
4-2 정사각형			
유형5	50°	5-1 85°	5-2 30°
유형6	130°	6-1 165°	6-2 130°
유형7	25 cm	7-1 27 cm	7-2 72 cm
유형8	23개	8-1 18개	8-2 12개
유형9	60°	9-1 140°	9-2 136°
유형10	100°	10-1 43°	10-2 35°
유형11	95°	11-1 111°	11-2 120°
유형12	110°	12-1 17	12-2 83°

유형1 마주 보는 한 쌍의 변이 서로 평행하도록 점 ㄱ을 ②로 옮깁니다.

1-1 한 꼭짓점을 ①로 옮겼을 때 평행한 변이 없으므로 사다리꼴을 만들 수 없습니다.

1-2 사다리꼴은 평행한 변이 한 쌍이라도 있는 사각형이므로 평행한 변이 생기도록 잘라야 합니다.

유형2 마름모는 네 변의 길이가 모두 같으므로 빨간색 선의 길이는 마름모 한 변의 길이의 10배입니다.
따라서 빨간색 선의 길이는 $10 \times 10 = 100$(cm)입니다.

다른 풀이 만든 도형은 평행사변형이므로 평행사변형의 짧은 변의 길이는 $10 \times 2 = 20$(cm), 긴 변의 길이는 $10 \times 3 = 30$(cm)입니다.
따라서 평행사변형의 네 변의 길이의 합은 $20 + 30 + 20 + 30 = 100$(cm)입니다.

2-1 평행사변형은 마주 보는 두 변의 길이가 서로 같으므로 빨간색 선의 길이는
$8 + 8 + 8 + 5 + 5 + 5 + 8 + 8 + 8 + 5 + 5 + 5$
$= 78$(cm)입니다.

2-2 마름모는 네 변의 길이가 같으므로 평행사변형의 짧은 변의 길이를 ☐ cm라고 하면 마름모의 한 변의 길이는 (☐+☐) cm입니다.
평행사변형의 네 변의 길이의 합이 36 cm이므로
☐+(☐+☐)+☐+(☐+☐)=36에서
☐×6=36, ☐=6입니다.
따라서 마름모의 네 변의 길이의 합은
$12 + 12 + 12 + 12 = 48$(cm)입니다.

유형3

→ 6쌍

3-1

→ 7쌍

3-2 ㉠

→ 2쌍

㉡

→ 12쌍

㉢

→ 3쌍

따라서 평행선이 가장 많은 도형은 ㉡입니다.

유형4
• 이웃하는 두 각의 크기의 합이 180°인 사각형
→ 평행사변형, 직사각형, 정사각형
• 네 각의 크기가 모두 같은 사각형
→ 직사각형, 정사각형
따라서 조건을 모두 만족하는 사각형은 ⓒ, ⓔ입니다.

4 -1 • 마주 보는 두 쌍의 변이 서로 평행한 사각형
　　➡ 평행사변형, 마름모, 직사각형, 정사각형
　• 네 변의 길이가 모두 같은 사각형
　　➡ 마름모, 정사각형
　• 마주 보는 꼭짓점끼리 이은 선분이 서로 수직
　　으로 만나는 사각형
　　➡ 마름모, 정사각형
　따라서 조건을 모두 만족하는 사각형은 마름모,
　정사각형입니다.

4 -2 • 마주 보는 두 쌍의 변이 서로 평행한 사각형
　　➡ 평행사변형, 마름모, 직사각형, 정사각형
　• 네 각의 크기가 모두 같은 사각형
　　➡ 직사각형, 정사각형
　• 네 변의 길이가 모두 같은 사각형
　　➡ 마름모, 정사각형
　따라서 조건을 모두 만족하는 사각형은 정사각
　형입니다.

유형 5 한 직선이 이루는 각의 크기는 $180°$이고, 직선
　가와 직선 나가 만나서 이루는 각의 크기는 $90°$
　이므로 ⓛ $=180°-90°-70°=20°$,
　㉠$=90°-20°=70°$입니다.
　따라서 ㉠$-$ⓛ$=70°-20°=50°$입니다.

5 -1 직선 가와 직선 나가 만나서 이루는 각의 크기는
　$90°$이므로 ㉠$=90°-30°=60°$,
　ⓛ$=90°-65°=25°$입니다.
　따라서 ㉠$+$ⓛ$=60°+25°=85°$입니다.

5 -2 한 직선이 이루는 각의 크기는 $180°$이고, 직선
　가와 직선 나가 만나서 이루는 각의 크기는 $90°$
　이므로 ㉠$=180°-25°-90°=65°$,
　ⓛ$=180°-55°-90°=35°$입니다.
　따라서 ㉠$-$ⓛ$=65°-35°=30°$입니다.

유형 6 직사각형의 한 각은 직각이므로 각 ㄱㄹㄷ의 크
　기는 $90°$입니다.
　평행사변형은 이웃하는 두 각의 크기의 합이
　$180°$이므로 각 ㄷㄹㅂ의 크기는
　$180°-140°=40°$입니다.
　따라서 각 ㄱㄹㅂ의 크기는 $90°+40°=130°$
　입니다.

6 -1 평행사변형은 이웃하는 두 각의 크기의 합이
　$180°$이므로 각 ㄱㄹㄷ의 크기는
　$180°-105°=75°$입니다.
　정사각형의 한 각은 직각이므로 각 ㄷㄹㅂ의 크
　기는 $90°$입니다.
　따라서 각 ㄱㄹㅂ의 크기는 $75°+90°=165°$
　입니다.

6 -2 평행사변형은 이웃하는 두 각의 크기의 합이
　$180°$이므로 각 ㄱㄹㄷ의 크기는
　$180°-110°=70°$입니다.
　정삼각형의 한 각의 크기는 $60°$이므로 각 ㅁㄹㅂ
　의 크기는 $60°$입니다.
　따라서 각 ㄱㄹㅂ의 크기는 $70°+60°=130°$
　입니다.

유형 7 직선 가와 직선 나 사이의 거리는 $5\,\text{cm}$이고,
　직선 가와 직선 다 사이의 거리는 $20\,\text{cm}$이므로
　직선 나와 직선 다 사이의 거리는
　$20-5=15(\text{cm})$입니다.
　직선 다와 직선 라 사이의 거리는 $10\,\text{cm}$이므로
　직선 나와 직선 라 사이의 거리는
　$15+10=25(\text{cm})$입니다.

7 -1 직선 다와 직선 라 사이의 거리는 $16\,\text{cm}$이고,
　직선 나와 직선 라 사이의 거리는 $35\,\text{cm}$이므로
　직선 나와 직선 다 사이의 거리는
　$35-16=19(\text{cm})$입니다.
　직선 가와 직선 나 사이의 거리는 $8\,\text{cm}$이므로
　직선 가와 직선 다 사이의 거리는
　$8+19=27(\text{cm})$입니다.

7 -2 직선 나와 직선 다 사이의 거리는 $12\,\text{cm}$이고,
　직선 가와 직선 다 사이의 거리는 $36\,\text{cm}$이므로
　직선 가와 직선 나 사이의 거리는
　$36-12=24(\text{cm})$이고, 이는 변 ㄱㄴ의 길이와
　같습니다.
　따라서 삼각형 ㄱㄴㄷ의 세 변의 길이의 합은
　$30+24+18=72(\text{cm})$입니다.

유형 8
- 마름모 1개짜리: ◇ → 14개
- 마름모 4개짜리: ◇◇ → 7개
- 마름모 9개짜리: ◇◇◇ → 2개

따라서 찾을 수 있는 크고 작은 마름모는
$14+7+2=23$(개)입니다.

8-1

- 사각형 1개짜리: ①, ②, ③, ④, ⑤, ⑥
  → 6개
- 사각형 2개짜리: ①＋②, ②＋③, ④＋⑤,
  ⑤＋⑥, ①＋④, ②＋⑤,
  ③＋⑥ → 7개
- 사각형 3개짜리: ①＋②＋③, ④＋⑤＋⑥
  → 2개
- 사각형 4개짜리: ①＋②＋④＋⑤,
  ②＋③＋⑤＋⑥ → 2개
- 사각형 6개짜리: ①＋②＋③＋④＋⑤＋⑥
  → 1개

따라서 찾을 수 있는 크고 작은 사다리꼴은 모두
$6+7+2+2+1=18$(개)입니다.

8-2 • 마름모

삼각형 2개짜리: 6개, 4개, 2개

삼각형 8개짜리:

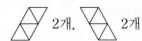 1개, 1개

→ $6+4+2+1+1=14$(개)
- 평행사변형

삼각형 2개짜리: ◺ 6개, ◹ 4개, ◇ 2개

삼각형 4개짜리: ◺◹ 4개, ◺◹ 2개

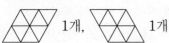 2개, 2개

삼각형 6개짜리: ◺◹◺ 2개

삼각형 8개짜리:

◺◹◺◹ 1개, ◺◹◺◹ 1개

→ $6+4+2+4+2+2+2+2+1+1$
  $=26$(개)

따라서 $26-14=12$(개)입니다.

유형 9 접은 각과 접힌 각의 크기는 같으므로
각 ㄱㅁㅂ의 크기는 60°입니다.
사각형 ㄱㄴㅂㅁ의 네 각의 크기의 합은 360°
이므로 각 ㄴㅂㅁ의 크기는
$360°-90°-90°-60°=120°$입니다.
접은 각과 접힌 각의 크기는 같으므로
각 ㅅㅂㅁ의 크기는 120°입니다.
한 직선이 이루는 각의 크기는 180°이므로
각 ㅁㅂㄷ의 크기는 $180°-120°=60°$입니다.
따라서 각 ㄷㅂㅅ의 크기는 $120°-60°=60°$
입니다.

9-1

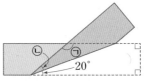

접은 각과 접힌 각의 크기는 같으므로 ㉡＝20°
이고, 사각형의 네 각의 크기의 합은 360°이므
로 ㉠＝$360°-90°-90°-20°-20°=140°$
입니다.

9-2 접은 각과 접힌 각의 크기는 같으므로
각 ㄹㅁㅇ의 크기는 22°입니다.
사각형 ㅁㅇㄷㄹ의 네 각의 크기의 합은 360°
이므로 각 ㅁㅇㄷ의 크기는
$360°-90°-90°-22°=158°$입니다.
접은 각과 접힌 각의 크기는 같으므로
각 ㅁㅇㅅ의 크기는 158°입니다.
한 직선이 이루는 각의 크기는 180°이므로
각 ㅁㅇㄴ의 크기는 $180°-158°=22°$입니다.
따라서 각 ㄴㅇㅅ의 크기는 $158°-22°=136°$
입니다.

유형 10 평행사변형은 이웃하는 두 각의 크기의 합이
180°이므로 각 ㄹㄷㅁ의 크기는
$180°-140°=40°$입니다.
각 ㄴㄷㅁ의 크기가 120°이므로 각 ㄴㄷㄹ의
크기는 $120°-40°=80°$입니다.
마름모는 이웃하는 두 각의 크기의 합이 180°
이므로 각 ㄱㄴㄷ의 크기는 $180°-80°=100°$
입니다.

10-1 마름모는 이웃하는 두 각의 크기의 합이 $180°$이므로 각 ㄱㄹㄷ의 크기는 $180°-94°=86°$입니다.
한 직선이 이루는 각의 크기는 $180°$이므로 각 ㄷㄹㅁ의 크기는 $180°-86°=94°$입니다.
삼각형 ㄹㄷㅁ의 세 각의 크기의 합은 $180°$이므로 각 ㄹㄷㅁ과 각 ㄹㅁㄷ의 크기의 합은 $180°-94°=86°$입니다.
각 ㄹㄷㅁ과 각 ㄹㅁㄷ의 크기는 같으므로 각 ㄹㄷㅁ의 크기는 $86°÷2=43°$입니다.

10-2 마름모는 이웃하는 두 각의 크기의 합이 $180°$이므로 각 ㄷㄴㅁ의 크기는 $180°-160°=20°$입니다.
정사각형은 네 각이 모두 직각이므로 각 ㄱㄴㅁ의 크기는 $90°+20°=110°$입니다.
변 ㄱㄴ과 변 ㄴㅁ의 길이가 같으므로 삼각형 ㄱㄴㅁ은 이등변삼각형입니다.
삼각형 ㄱㄴㅁ의 세 각의 크기의 합은 $180°$이므로 각 ㄴㄱㅁ과 각 ㄴㅁㄱ의 크기의 합은 $180°-110°=70°$입니다.
각 ㄴㄱㅁ과 각 ㄴㅁㄱ의 크기는 같으므로 각 ㄴㄱㅁ의 크기는 $70°÷2=35°$입니다.

유형 11 한 직선이 이루는 각의 크기는 $180°$이므로 각 ㄱㄴㄷ의 크기는 $180°-45°=135°$입니다.
평행사변형은 이웃하는 두 각의 크기의 합이 $180°$이므로 각 ㄴㄷㄹ의 크기는 $180°-135°=45°$입니다.
한 직선이 이루는 각의 크기는 $180°$이므로 각 ㅅㄷㅁ의 크기는 $180°-45°-50°=85°$입니다.
사각형 ㅅㄷㅁㅂ의 네 각의 크기의 합은 $360°$이므로 각 ㄷㅅㅂ의 크기는 $360°-90°-90°-85°=95°$입니다.

11-1 직사각형의 한 각의 크기는 $90°$이고, 한 직선이 이루는 각의 크기는 $180°$이므로 각 ㅅㄷㅁ의 크기는 $180°-90°-21°=69°$입니다.
마름모는 이웃하는 두 각의 크기의 합이 $180°$이므로 각 ㄷㅅㅂ의 크기는 $180°-69°=111°$입니다.

11-2 한 직선이 이루는 각의 크기는 $180°$이므로 각 ㅂㅁㄷ의 크기는 $180°-70°=110°$입니다. 마름모는 이웃하는 두 각의 크기의 합이 $180°$이므로 각 ㅅㄷㅁ의 크기는 $180°-110°=70°$입니다. 한 직선이 이루는 각의 크기는 $180°$이므로 각 ㄹㄷㄴ의 크기는 $180°-50°-70°=60°$입니다. 변 ㄱㄹ과 변 ㄴㄷ이 서로 평행하므로 각 ㄴㄱㄹ의 크기는 $90°$이고, 사각형 ㄱㄴㄷㄹ의 네 각의 크기의 합은 $360°$이므로 각 ㄱㄴㄷ의 크기는 $360°-90°-90°-60°=120°$입니다.

유형 12

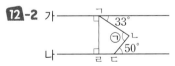

점 ㄷ에서 직선 나에 수선을 그었을 때 직선 나와 만나는 점을 점 ㄹ이라 하면 각 ㄹㄷㄱ의 크기는 $90°$이므로 각 ㄹㄷㄴ의 크기는 $90°-20°=70°$입니다.
삼각형 ㄷㄴㄹ의 세 각의 크기의 합은 $180°$이므로 각 ㄷㄴㄹ의 크기는 $180°-70°-90°=20°$입니다. 한 직선이 이루는 각의 크기는 $180°$이므로 각 ㄱㄴㄷ의 크기는 $180°-50°-20°=110°$입니다.

12-1 한 직선이 이루는 각의 크기는 $180°$이므로 각 ㄱㄴㄷ의 크기는 $180°-63°=117°$입니다.
사각형의 네 각의 크기의 합은 $360°$이므로 사각형 ㄱㄴㄷㄹ에서 각 ㄱㄹㄷ의 크기는 $360°-80°-117°-90°=73°$입니다.
직선 가와 선분 ㄹㄷ이 이루는 각의 크기는 $90°$이므로 $\square=90°-73°=17°$입니다.

12-2

점 ㄱ에서 직선 나에 수선을 그었을 때 직선 나와 만나는 점을 점 ㄹ이라 하면 선분 ㄱㄹ은 직선 가, 직선 나와 수직으로 만나므로 각 ㄹㄱㄴ의 크기는 $90°-33°=57°$입니다.
한 직선이 이루는 각의 크기는 $180°$이므로 각 ㄴㄷㄹ의 크기는 $180°-50°=130°$입니다.
사각형의 네 각의 크기의 합은 $360°$이므로 $\bigcirc=360°-57°-90°-130°=83°$입니다.

5단원 꺾은선그래프

86~88쪽 AI가 추천한 단원 평가 **1**회

01 꺾은선그래프　　　02 월, 강수량

03 5 mm　　04 35 mm　　05 ㉠, ㉢

06 ㉡, ㉣　　07 (○)(　)　　08 예 0, 70

09 예

해바라기의 키

10 23일　　11 대영이의 발 길이의 변화

12 5 cm　　13 예 19 cm

14 풀이 참고　　15 3월　　16 240대

17 7100대　　18 128명

19

졸업생 수

20 풀이 참고, 10명

09 가로에는 날짜, 세로에는 키를 씁니다. 가로의 날짜와 세로의 키가 만나는 자리에 점을 찍고, 그 점들을 선분으로 이은 후 제목을 씁니다.

10 선분이 가장 많이 기울어진 때를 찾으면 16일과 23일 사이이므로 일주일 전에 비해 해바라기의 키가 가장 많이 자란 날은 23일입니다.

12 2024년의 발 길이는 23 cm이고, 2020년의 발 길이는 18 cm이므로 2020년부터 2024년까지 대영이의 발 길이는 23－18＝5(cm) 길어졌습니다.

13 대영이의 발 길이가 2020년 1월에 18 cm이고, 2021년 1월에 20 cm이므로 그 중간인 2020년 7월에는 18 cm와 20 cm의 중간인 19 cm쯤으로 생각할 수 있습니다.

14 예 24 cm」❶
　대영이의 발 길이를 나타낸 꺾은선그래프의 선이 계속 오른쪽 위로 올라가고 있기 때문입니다.」❷

채점 기준	
❶ 2025년에 대영이의 발 길이는 몇 cm가 될지 예상하기	3점
❷ ❶과 같이 예상한 이유 쓰기	2점

15 세로 눈금이 6700대인 점의 가로 눈금을 읽으면 3월입니다.

16 생산량이 가장 많은 달은 4월이고 생산량은 7200대입니다. 4월은 30일이므로 하루에 자동차를 7200÷30＝240(대) 생산했습니다.

17 생산량이 가장 적게 변한 때는 1월과 2월 사이이고, 2월은 1월에 비해 생산량이 6500－6300＝200(대) 줄었습니다.
　5월의 생산량이 6900대이고, 5월과 6월 사이에 200대만큼 늘었으므로 6월의 생산량은 6900＋200＝7100(대)입니다.

18 2021년의 졸업생 수는 126명, 2022년의 졸업생 수는 114명이므로 2020년과 2023년의 졸업생 수의 합은 476－126－114＝236(명)입니다.
　2020년의 졸업생 수를 □명이라고 하면 2023년의 졸업생 수는 (□－20)명이므로
　□＋□－20＝236, □＋□＝256, □＝128입니다. 따라서 2020년의 졸업생 수는 128명입니다.

19 가로의 2020년과 세로의 128명, 가로의 2023년과 세로의 108명이 만나는 자리에 점을 찍고, 점들을 선분으로 잇습니다.

20 예 선분이 가장 많이 기울어진 때를 찾으면 2021년과 2022년 사이이고, 줄어든 학생 수는 12명입니다.」❶
　선분이 가장 적게 기울어진 때를 찾으면 2020년과 2021년 사이이고, 줄어든 학생 수는 2명입니다.」❷
　따라서 줄어든 학생 수의 차는 12－2＝10(명)입니다.」❸

채점 기준	
❶ 졸업생 수가 가장 많이 줄었을 때의 줄어든 학생 수 구하기	2점
❷ 졸업생 수가 가장 적게 줄었을 때의 줄어든 학생 수 구하기	2점
❸ 졸업생 수가 가장 많이 줄었을 때와 가장 적게 줄었을 때의 줄어든 학생 수의 차 구하기	1점

01 꺾은선그래프   02 0.1 kg
03 4.6, 5, 4.9, 5.2   04 12월
05 월   06 예 1권
07 예

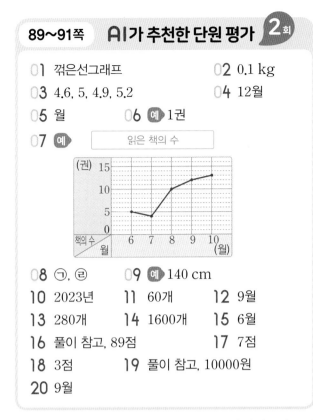

08 ㉠, ㉣   09 예 140 cm
10 2023년   11 60개   12 9월
13 280개   14 1600개   15 6월
16 풀이 참고, 89점   17 7점
18 3점   19 풀이 참고, 10000원
20 9월

07 가로에는 월, 세로에는 책의 수를 씁니다. 가로의 월과 세로의 책의 수가 만나는 자리에 점을 찍고, 그 점들을 선분으로 이은 후 제목을 씁니다.

08 ㉡ 세로 눈금 5칸이 10 cm를 나타내므로 세로 눈금 한 칸은 $10 \div 5 = 2$(cm)를 나타냅니다.
㉢ 꺾은선그래프의 가로는 연도를 나타냅니다.

10 선분이 가장 적게 기울어진 때를 찾으면 2022년과 2023년 사이이므로 전년에 비해 희원이의 키가 가장 적게 자란 때는 2023년입니다.

11 세로 눈금 5칸이 100개를 나타내므로 세로 눈금 한 칸은 $100 \div 5 = 20$(개)를 나타냅니다.
8월의 주스 판매량은 380개이고, 7월의 주스 판매량은 320개이므로 주스 판매량이 8월에는 7월보다 $380 - 320 = 60$(개) 더 늘었습니다.

12 점이 두 번째로 높은 곳에 표시된 때를 찾으면 9월입니다.

13 주스 판매량이 가장 많을 때는 8월이고, 8월의 주스 판매량은 380개입니다.
주스 판매량이 가장 적을 때는 5월이고, 5월의 주스 판매량은 100개입니다.
따라서 주스 판매량의 차이는 $380 - 100 = 280$(개)입니다.

14 주스 판매량이 5월은 100개, 6월은 200개, 7월은 320개, 8월은 380개, 9월은 340개, 10월은 260개이므로 5월부터 10월까지 판매한 주스는 모두 $100 + 200 + 320 + 380 + 340 + 260 = 1600$(개)입니다.

15 세로 눈금 5칸이 5점을 나타내므로 세로 눈금 한 칸은 $5 \div 5 = 1$(점)을 나타냅니다.
과학 점수가 국어 점수보다 5점 더 높은 때는 빨간색 꺾은선의 점이 파란색 꺾은선의 점보다 세로 눈금 5칸만큼 더 위에 있을 때이므로 6월입니다.

16 예 과학 점수가 90점일 때는 5월입니다. ❶
5월의 국어 점수는 89점입니다. ❷

채점 기준	
❶ 과학 점수가 90점일 때는 몇 월인지 구하기	3점
❷ 과학 점수가 90점일 때의 국어 점수 구하기	2점

17 과학 점수와 국어 점수의 차가 가장 클 때는 두 점 사이의 간격이 가장 넓을 때이므로 3월입니다.
3월의 과학 점수는 88점, 국어 점수는 81점이므로 과학 점수와 국어 점수의 차는 $88 - 81 = 7$(점)입니다.

18 전월에 비해 과학 점수의 변화가 가장 적을 때는 선분이 가장 적게 기울어진 6월입니다.
5월의 국어 점수는 89점이고, 6월의 국어 점수는 86점이므로 6월의 국어 점수는 5월보다 $89 - 86 = 3$(점) 변했습니다.

19 예 6월 저금액은 9400원, 7월 저금액은 7800원, 10월 저금액은 8000원입니다. ❶
8월과 9월 저금액의 합은 $44200 - 9400 - 7800 - 8000 = 19000$(원)입니다.
9월 저금액을 □원이라고 하면 8월 저금액은 (□−1000)원이므로 □+□−1000=19000, □+□=20000, □=10000입니다.
따라서 9월 저금액은 10000원입니다. ❷

채점 기준	
❶ 6월, 7월, 10월 저금액 각각 구하기	2점
❷ 9월 저금액 구하기	3점

20 6월 저금액은 9400원, 7월 저금액은 7800원, 8월 저금액은 9000원, 9월 저금액은 10000원, 10월 저금액은 8000원입니다.
따라서 꺾은선그래프를 완성했을 때 저금액이 가장 많은 때는 9월입니다.

01 6, 6 02 시각 03 0.5℃

04 (나)

05
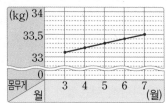
서준이의 몸무게

06 서준이의 몸무게 변화

07 0.1, 증가, 예 33.6

08 ㉢ 09 ②

10 예
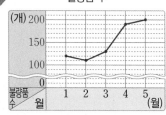
불량품 수

11 (나) 식물 12 3일

13 1일과 2일 사이

14 예 50.2 cm 15 5일

16 4일, 290상자

17 풀이 참고, 47100000원

18 800개 19 풀이 참고, 6칸

20 2400개

11 조사하는 동안 꺾은선그래프의 선이 오른쪽 아래로 내려가는 것은 (나) 식물입니다.

12 3일에 (가) 식물과 (나) 식물의 키가 50.4 cm로 같습니다.

13 (나) 식물의 키가 변하지 않을 때는 1일과 2일 사이입니다.

14 (가) 식물의 키가 2일 오전 11시에 50 cm이고, 3일 오전 11시에 50.4 cm이므로 그 중간인 2일 밤 11시에는 50 cm와 50.4 cm의 중간인 50.2 cm쯤으로 생각할 수 있습니다.

15 사과 판매량이 350상자인 때는 5일입니다.

16 사과 판매량이 전날보다 줄어든 때는 선이 오른쪽 아래로 내려가는 때이므로 4일이고, 이때의 판매량은 290상자입니다.

17 예 사과 판매량이 1일은 230상자, 2일은 310상자, 3일은 390상자, 4일은 290상자, 5일은 350상자이므로 1일부터 5일까지 사과 판매량의 합은 230＋310＋390＋290＋350＝1570(상자)입니다.」❶
사과 한 상자의 가격이 30000원이므로 1일부터 5일까지 사과를 판매한 금액은 모두 1570×30000＝47100000(원)입니다.」❷

채점 기준	
❶ 1일부터 5일까지 사과 판매량의 합 구하기	3점
❷ 1일부터 5일까지 사과를 판매한 금액 구하기	2점

18 2022년의 생산량은 2600개이고, 판매량은 1800개이므로 생산량과 판매량의 차는 2600－1800＝800(개)입니다.

19 예 2021년의 생산량은 2800개이고, 판매량은 2200개이므로 생산량이 판매량보다 2800－2200＝600(개) 더 많습니다.」❶
따라서 세로 눈금 한 칸이 100개를 나타내도록 꺾은선그래프를 다시 그리면 생산량과 판매량의 세로 눈금은 600÷100＝6(칸) 차이가 납니다.」❷

채점 기준	
❶ 2021년의 생산량과 판매량의 차 구하기	2점
❷ 세로 눈금 한 칸이 100개를 나타내도록 꺾은선그래프를 다시 그릴 때 2021년의 생산량과 판매량의 세로 눈금 칸 수의 차이 구하기	3점

20 (창고에 보관한 제품 수)＝(생산량)－(판매량)

연도(년)	2019	2020	2021	2022	2023
생산량(개)	1000	1800	2800	2600	2000
판매량(개)	600	1600	2200	1800	1600
창고에 보관한 제품 수(개)	400	200	600	800	400

따라서 창고에 보관한 제품은 모두 400＋200＋600＋800＋400＝2400(개)입니다.

다른 풀이 (2019년부터 2023년까지의 생산량의 합)
＝1000＋1800＋2800＋2600＋2000
＝10200(개)
(2019년부터 2023년까지의 판매량의 합)
＝600＋1600＋2200＋1800＋1600＝7800(개)
따라서 2019년부터 2023년까지 생산한 제품 중 판매되지 않은 제품은 10200－7800＝2400(개)이므로 창고에 보관한 제품은 2400개입니다.

01 10 cm, 0.1 cm		02 (나)	
03 물결선	04 2022년	05 늘어나고	
06 막대그래프	07 꺾은선그래프		
08 ⓒ, ⓛ, ⓣ	09 2시	10 4시	
11 0.8℃	12 ⓒ		
13 오후 3시, 8℃		14 6℃	
15 풀이 참고, 96℃		16 60분	
17 예 81℃	18 750, 1500		
19 풀이 참고, 1350 kg		20 450 kg	

01 (가) 그래프의 세로 눈금 5칸이 50 cm를 나타내므로 세로 눈금 한 칸은 50÷5=10(cm)를 나타냅니다.
(나) 그래프의 세로 눈금 5칸이 0.5 cm를 나타내므로 세로 눈금 한 칸은 0.1 cm를 나타냅니다.

02 (나) 그래프가 물결선을 사용하여 변화하는 모습이 잘 나타납니다.

04 전년에 비해 1인 가구 수가 가장 많이 늘어난 때는 선분이 가장 많이 기울어진 때이므로 2022년입니다.

06 자료의 양을 비교할 때에는 막대그래프로 나타내는 것이 좋습니다.

07 시간의 흐름에 따른 변화를 알아볼 때에는 꺾은선그래프로 나타내는 것이 좋습니다.

08 세로 눈금에 100부터 110까지 나타냈으므로 나에는 키를 쓰고 가에는 키의 단위인 cm를 씁니다. 가로에 월을 나타냈으므로 다에는 월의 단위인 월을 씁니다.

09 꺾은선그래프의 선이 오른쪽 아래로 내려가기 시작하는 때를 찾으면 2시입니다.

11 2시의 온도는 26℃이고, 5시의 온도는 25.2℃이므로 2시부터 5시까지 방의 온도는
26-25.2=0.8(℃) 떨어졌습니다.

12 ⓒ 세로 눈금 5칸이 10℃를 나타내므로 세로 눈금 한 칸은 10÷5=2(℃)를 나타냅니다.

13 교실과 운동장의 온도의 차가 가장 클 때는 두 점 사이의 간격이 가장 넓을 때로 오후 3시입니다.

오후 3시에 교실의 온도는 26℃이고, 운동장의 온도는 18℃이므로 온도의 차는 26-18=8(℃)입니다.

14 물의 온도는 10분마다 6℃씩 낮아집니다.

15 예 물의 온도는 10분마다 6℃씩 낮아지고, 물을 컵에 담은지 10분이 되었을 때 물의 온도는 90℃이므로 처음 뜨거운 물을 컵에 담았을 때 물의 온도는 90℃보다 6℃ 더 높은 96℃였을 것입니다. ❶

채점 기준	
❶ 처음 뜨거운 물을 컵에 담았을 때 물의 온도 구하기	5점

16 60분 후 물의 온도는 66℃보다 6℃ 더 낮은 60℃입니다.

17 물의 온도는 뜨거운 물을 컵에 담은지 20분이 되었을 때 84℃이고, 30분이 되었을 때 78℃이므로 그 중간인 25분이 되었을 때에는 84℃와 78℃의 중간인 81℃쯤으로 생각할 수 있습니다.

18 (세로 눈금 칸 수의 합)
=4+8+10+11+13=46(칸)
46칸이 6900 kg을 나타내므로 세로 눈금 한 칸의 크기는 6900÷46=150(kg)입니다.
따라서 ㉠=150×5=750(kg),
㉡=150×10=1500(kg)입니다.

19 예 2019년의 쌀 생산량은 600 kg이고, 2023년의 쌀 생산량은 1950 kg입니다. ❶
따라서 2019년부터 2023년까지 늘어난 쌀 생산량은 1950-600=1350(kg)입니다. ❷

채점 기준	
❶ 2019년과 2023년의 쌀 생산량 각각 구하기	3점
❷ 2019년부터 2023년까지 늘어난 쌀 생산량 구하기	2점

20 쌀 생산량이 가장 많이 늘었을 때는 선분이 가장 많이 기울어진 때이므로 2019년과 2020년 사이이고, 이때 늘어난 생산량은 600 kg입니다.
쌀 생산량이 가장 적게 늘었을 때는 선분이 가장 적게 기울어진 때이므로 2021년과 2022년 사이이고, 이때 늘어난 생산량은 150 kg입니다.
따라서 늘어난 생산량의 차는
600-150=450(kg)입니다.

98~103쪽 틀린 유형 다시 보기

유형 **1** 꺾은선, 막대

1-1 막대그래프, 꺾은선그래프

1-2 막대, 꺾은선

유형 **2** (나) 선수

2-1 (가) 식물, 예 꺾은선그래프의 선이 내려가기 때문입니다.

유형 **3** 234켤레   **3**-1 11000 kg

유형 **4** 340만 원   **4**-1 300대

유형 **5** 예 170 cm   **5**-1 예 90.7 cm

유형 **6** 20, 40   **6**-1 450

유형 **7** 6칸   **7**-1 8칸

유형 **8** 250000원   **8**-1 595000원

유형 **9** 98점   **9**-1 1160명

유형 **10** 100 g   **10**-1 650 g

유형 **11** 60000원   **11**-1 5℃

11-2 2400상자   **11**-3 198명

유형 **1** • 월별 고구마 생산량의 변화는 시간의 흐름에 따른 변화를 나타내므로 꺾은선그래프로 나타내는 것이 좋습니다.

• 반별 안경 쓴 학생 수는 자료의 양을 비교해야 하므로 막대그래프로 나타내는 것이 좋습니다.

참고 • 막대그래프: 자료의 양을 비교하기 쉽습니다.

• 꺾은선그래프: 시간에 흐름에 따른 변화를 알아보기 쉽습니다.

1-1 ㉠ 좋아하는 운동별 학생 수는 자료의 양을 비교해야 하므로 막대그래프로 나타내는 것이 좋습니다.

㉡ 요일별 50 m 달리기 기록의 변화는 시간의 흐름에 따른 변화를 나타내므로 꺾은선그래프로 나타내는 것이 좋습니다.

1-2 • 재윤이의 과목별 하루 공부 시간은 자료의 양을 비교해야 하므로 막대그래프로 나타내는 것이 좋습니다.

• 재윤이의 월별 공부 시간의 변화는 시간의 흐름에 따른 변화를 나타내므로 꺾은선그래프로 나타내는 것이 좋습니다.

유형 **2** 처음에는 기록이 천천히 줄어들다가 시간이 지나면서 기록이 빠르게 줄어드는 선수는 꺾은선그래프의 선이 오른쪽 아래로 적게 기울어져 있다가 시간이 지나면서 오른쪽 아래로 많이 기울어진 (나) 선수입니다.

2-1 조사하는 동안 꺾은선그래프의 선이 내려가는 것은 (가) 식물입니다.

유형 **3** 세로 눈금 5칸이 10켤레를 나타내므로 세로 눈금 한 칸은 $10 \div 5 = 2$(켤레)를 나타냅니다.

운동화 판매량이 11일은 34켤레, 12일은 52켤레, 13일은 50켤레, 14일은 56켤레, 15일은 42켤레입니다.

따라서 11일부터 15일까지 판매한 운동화는 $34 + 52 + 50 + 56 + 42 = 234$(켤레)입니다.

3-1 세로 눈금 5칸이 1000 kg을 나타내므로 세로 눈금 한 칸은 $1000 \div 5 = 200$(kg)을 나타냅니다.

고구마 수확량이 2019년은 2000 kg, 2020년은 3000 kg, 2021년은 2600 kg, 2022년은 1600 kg, 2023년은 1800 kg입니다.

따라서 2019년부터 2023년까지 수확한 고구마는
$2000 + 3000 + 2600 + 1600 + 1800$
$= 11000$(kg)입니다.

유형 **4** 세로 눈금 5칸이 100만 원을 나타내므로 세로 눈금 한 칸은 $100 \div 5 = 20$(만 원)을 나타냅니다.

1일의 매출액은 80만 원이고, 5일의 매출액은 420만 원이므로 1일부터 5일까지 늘어난 매출액은 $420 - 80 = 340$(만 원)입니다.

4-1 세로 눈금 5칸이 100대를 나타내므로 세로 눈금 한 칸은 $100 \div 5 = 20$(대)를 나타냅니다.

4월의 수출량은 1540대이고, 8월의 수출량은 1840대이므로 4월부터 8월까지 늘어난 수출량은 $1840 - 1540 = 300$(대)입니다.

유형 **5** 나무의 키가 3월 1일에 168 cm이고, 4월 1일에 172 cm이므로 그 중간인 3월 16일에는 168 cm와 172 cm의 중간인 170 cm쯤으로 생각할 수 있습니다.

5-1 옥수수의 키가 화요일 오전 11시에 90.5 cm이고, 수요일 오전 11시에 90.9 cm이므로 그 중간인 화요일 밤 11시에는 90.5 cm와 90.9 cm의 중간인 90.7 cm쯤으로 생각할 수 있습니다.

유형 6 (세로 눈금 칸 수의 합)
$=13+12+9+8=42$(칸)
42칸이 168 kg을 나타내므로 세로 눈금 한 칸의 크기는 $168÷42=4$(kg)입니다.
따라서 ㉠$=4×5=20$(kg),
㉡$=4×10=40$(kg)입니다.

6-1 (세로 눈금 칸 수의 합)
$=9+8+11+13=41$(칸)
41칸이 1230개를 나타내므로 세로 눈금 한 칸의 크기는 $1230÷41=30$(개)입니다.
따라서 ㉠$=30×5=150$(개),
㉡$=30×10=300$(개)이므로
㉠$+$㉡$=150+300=450$(개)입니다.

유형 7 3일의 입장객 수는 120명이고, 4일의 입장객 수는 90명이므로 3일의 입장객 수가 4일의 입장객 수보다 $120-90=30$(명) 더 많습니다.
따라서 세로 눈금 한 칸이 5명을 나타내도록 꺾은선그래프를 다시 그리면 3일과 4일의 세로 눈금은 $30÷5=6$(칸) 차이가 납니다.

7-1 5일의 콩나물의 키는 20 cm이고, 7일의 콩나물의 키는 28 cm이므로 7일의 콩나물의 키는 5일의 콩나물의 키보다 $28-20=8$(cm) 더 큽니다.
따라서 세로 눈금 한 칸이 1 cm를 나타내도록 꺾은선그래프를 다시 그리면 5일과 7일의 세로 눈금은 $8÷1=8$(칸) 차이가 납니다.

유형 8 색종이 판매량이 1일은 110묶음, 2일은 60묶음, 3일은 30묶음, 4일은 50묶음이므로 1일부터 4일까지 색종이 판매량의 합은
$110+60+30+50=250$(묶음)입니다.
색종이 한 묶음의 가격이 1000원이므로 색종이를 판매한 금액은 모두
$250×1000=250000$(원)입니다.

8-1 김밥 판매량이 10일은 31줄, 11일은 32줄, 12일은 37줄, 13일은 34줄, 14일은 36줄이므로 10일부터 14일까지 김밥 판매량의 합은
$31+32+37+34+36=170$(줄)입니다.
김밥 한 줄의 가격이 3500원이므로 김밥을 판매한 금액은 모두 $170×3500=595000$(원)입니다.

유형 9 9월의 점수는 88점, 10월의 점수는 92점이므로 11월과 12월의 국어 점수의 합은
$370-88-92=190$(점)입니다.
12월의 국어 점수를 ☐점이라고 하면 11월의 국어 점수는 (☐-6)점이므로
☐$-6+$☐$=190$, ☐$=98$입니다.
따라서 12월의 국어 점수는 98점입니다.

9-1 2월의 입장객 수는 1320명, 5월의 입장객 수는 1040명, 6월의 입장객 수는 1280명이므로 3월과 4월의 입장객 수의 합은
$5920-1320-1040-1280=2280$(명)입니다.
4월의 입장객 수를 ☐명이라고 하면 3월의 입장객 수는 (☐-40)명이므로
☐$-40+$☐$=2280$, ☐$=1160$입니다.
따라서 4월의 입장객 수는 1160명입니다.

유형 10 추의 무게가 20 g씩 늘어날 때마다 용수철의 길이는 3 cm씩 늘어납니다.
용수철의 길이가 15 cm가 되려면 추의 무게가 80 g일 때의 용수철의 길이인 12 cm에서
$15-12=3$(cm)만큼 더 늘어나야 하므로 추의 무게는 80 g보다 20 g 더 늘어난
$80+20=100$(g)이어야 합니다.

10-1 물건의 무게가 50 g씩 늘어날 때마다 택배비는 400원씩 늘어납니다.
택배비가 5000원이 되려면 물건의 무게가 500 g일 때의 택배비인 3800원에서
$5000-3800=1200$(원)만큼 더 늘어나야 하고, 1200원은 400원씩 $1200÷400=3$(번) 늘어난 금액입니다.
따라서 택배비가 5000원일 때 물건의 무게는 50 g씩 3번 늘어난
$500+50+50+50=650$(g)입니다.

유형 11 전날에 비해 최저 기온이 가장 많이 변한 날은 최저 기온을 나타낸 꺾은선그래프에서 선분이 가장 많이 기울어진 때이므로 26일입니다.
25일의 손난로 판매량은 120개이고, 26일의 손난로 판매량은 20개이므로 손난로 판매량은 전날보다 120-20=100(개) 줄었습니다.
따라서 전날보다 줄어든 손난로 판매 금액은 100×600=60000(원)입니다.

11-1 전날에 비해 아이스크림 판매량의 변화가 가장 큰 날은 아이스크림 판매량을 나타낸 꺾은선그래프에서 선분이 가장 많이 기울어진 때이므로 17일입니다.
따라서 16일의 기온은 32℃이고, 17일의 기온은 37℃이므로 기온의 차는 37-32=5(℃)입니다.

11-2

월(월)	3	4	5	6
생산량 (상자)	1800	2200	2800	2400
판매량 (상자)	1200	1500	2200	1900
남아 있는 과자(상자)	600	700	600	500

따라서 남아 있는 과자는 모두
600+700+600+500=2400(상자)입니다.
다른 풀이 (3월부터 6월까지의 생산량의 합)
=1800+2200+2800+2400=9200(상자)
(3월부터 6월까지의 판매량의 합)
=1200+1500+2200+1900=6800(상자)
따라서 3월부터 6월까지 생산한 과자 중 팔리지 않고 남아 있는 과자는
9200-6800=2400(상자)입니다.

11-3 오성이네 학교 4학년 학생 수가 재윤이네 학교 4학년 학생 수보다 4명 더 적을 때는 빨간색 꺾은선의 점이 파란색 꺾은선의 점보다 세로 눈금 4칸만큼 더 아래에 있을 때이므로 2019년입니다.
따라서 2019년의 오성이네 학교 4학년 학생 수는 97명이고 재윤이네 학교 4학년 학생 수는 101명이므로 학생 수의 합은
97+101=198(명)입니다.

6단원 다각형

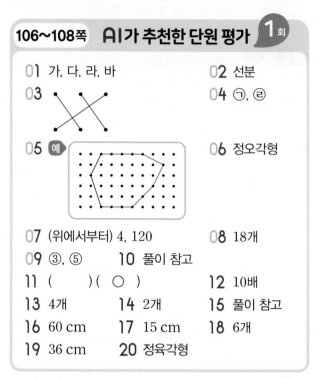

106~108쪽 AI가 추천한 단원 평가 1회

01 가, 다, 라, 바
02 선분
03
04 ㉠, ㉣
05 예
06 정오각형
07 (위에서부터) 4, 120
08 18개
09 ③, ⑤
10 풀이 참고
11 ( ) (○)
12 10배
13 4개
14 2개
15 풀이 참고
16 60 cm
17 15 cm
18 6개
19 36 cm
20 정육각형

01 정다각형은 변의 길이가 모두 같고 각의 크기가 모두 같은 다각형이므로 가, 다, 라, 바입니다.

04 서로 이웃하지 않는 두 꼭짓점을 이은 선분은 ㉠, ㉣입니다.

06 5개의 선분으로 둘러싸인 도형은 오각형입니다.
각의 크기가 모두 같고, 변의 길이도 모두 같으므로 주어진 조건을 모두 만족하는 도형은 정오각형입니다.

07 정다각형은 각의 크기가 모두 같고 변의 길이가 모두 같습니다.

08 구각형의 변은 9개, 꼭짓점은 9개입니다.
따라서 구각형에서 변의 수와 꼭짓점의 수의 합은 9+9=18(개)입니다.

09 두 대각선이 서로 수직으로 만나는 사각형은 ③ 마름모, ⑤ 정사각형입니다.

10 예 곡선이 있으므로 다각형이 아닙니다. ❶

채점 기준	
❶ 다각형이 아닌 이유 쓰기	5점

11
→ 5개
→ 9개

12 20개  2개

따라서 정팔각형의 대각선의 수는 정사각형의 대각선의 수의 10배입니다.

13  모양 조각 4개

14 예  모양 조각 2개

15 예 평행사변형을 만들었습니다.

 ❶

평행사변형은 마주 보는 두 변의 길이가 서로 같습니다. 또 마주 보는 두 각의 크기가 서로 같습니다. ❷

채점 기준	
❶ 다각형 만들기	3점
❷ 만든 다각형의 특징을 2가지 쓰기	2점

16 직사각형의 두 대각선의 길이는 서로 같으므로 선분 ㄴㄹ의 길이는 52÷2=26(cm)입니다.
따라서 삼각형 ㄴㄷㄹ의 세 변의 길이의 합은 26+24+10=60(cm)입니다.

17 처음 정삼각형의 한 변의 길이는 30÷3=10(cm)입니다.
만들어진 작은 정삼각형의 한 변의 길이는 10÷2=5(cm)이므로 세 변의 길이의 합은 5×3=15(cm)입니다.

18 3 cm 3 cm

모양 조각을 가장 많이 사용할 때는 9개, 가장 적게 사용할 때는 3개이므로 그 차는 9-3=6(개)입니다.

19 직사각형의 두 대각선의 길이는 같으므로 선분 ㄹㅁ의 길이는 20÷2=10(cm)입니다.
정사각형의 한 변의 길이는 6 cm입니다.
따라서 사다리꼴 ㄱㄴㅁㄹ의 네 변의 길이의 합은 6+6+8+10+6=36(cm)입니다.

20 남은 철사가 없으므로 정다각형의 모든 변의 길이의 합은 72 cm입니다.
따라서 만든 정다각형의 변의 수는 72÷12=6(개)이므로 만든 정다각형은 정육각형입니다.

109~111쪽 AI가 추천한 단원 평가 2회

01 정다각형이 아닙니다, 각의 크기, 같지 않기
02 10, 정십각형
03 정육각형
04 ( )(○)
05 나
06 예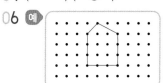
07 ㉢
08 2개 **09** ① **10** 18개
11 6개 **12** ⑤ **13** ㉢
14 풀이 참고 **15** 720° **16** 4 cm
17 풀이 참고, 미연 **18** 9 cm
19 70 cm **20** 50 cm

05 가는 변이 7개이므로 칠각형, 나는 변이 8개이므로 팔각형, 다는 변이 7개이므로 칠각형입니다.
따라서 이름이 다른 다각형은 나입니다.

06 변이 5개가 되도록 선분을 긋습니다.

07 ㉢ 변의 길이가 모두 같고, 각의 크기가 모두 같은 다각형을 정다각형이라고 합니다.

08
① ② ③ ④ ⑤

잘라 낸 도형 중에서 두 대각선의 길이가 같은 것은 직사각형과 정사각형인 ④, ⑤로 2개입니다.

09 삼각형은 이웃하지 않는 두 꼭짓점이 없으므로 대각선을 그을 수 없습니다.

10

따라서 필요한 모양 조각은 모두 18개입니다.

11

따라서 필요한 모양 조각은 모두 6개입니다.

12 두 대각선의 길이가 같고 서로 수직으로 만나는 사각형은 정사각형이므로 ⑤입니다.

13 ㉠ ㉡ ㉢

따라서 ▲, ◆, ▱ 모양 조각으로 채울 수 없는 모양은 ㉢입니다.

39

14 예 두 도형은 모두 변이 8개입니다. ❶
두 도형은 모두 각이 8개입니다. ❷

채점 기준	
❶ 같은 점 한 가지 쓰기	2점
❷ 같은 점 다른 한 가지 쓰기	3점

15

육각형의 한 꼭짓점에서 대각선을 그으면 삼각형 4개로 나누어집니다.
삼각형의 세 각의 크기의 합은 $180°$이므로 육각형의 모든 각의 크기의 합은 $180° \times 4 = 720°$입니다.

16 만든 정육각형은 다음 그림과 같습니다.

따라서 가장 긴 대각선의 길이는 $2+2=4$(cm)입니다.

17 예 가와 다, 나와 다로 다음 그림과 같은 사다리꼴을 만들 수 있습니다.
  ❶

나, 다, 라로는 사다리꼴을 만들 수 없으므로 사다리꼴을 만들 수 없는 사람은 미연이입니다. ❷

채점 기준	
❶ 승재, 지호의 모양 조각으로 사다리꼴 만들기	3점
❷ 사다리꼴을 만들 수 없는 사람 찾기	2점

18 정육각형의 모든 변의 길이의 합은 $12 \times 6 = 72$(cm)이므로 정팔각형의 모든 변의 길이의 합도 72 cm입니다.
정팔각형은 길이가 같은 변이 8개 있으므로 한 변의 길이는 $72 \div 8 = 9$(cm)입니다.

19 정육각형 한 개의 한 변의 길이는 $42 \div 6 = 7$(cm)입니다.
파란색 굵은 선의 길이는 정육각형 한 변의 길이의 10배와 같으므로 $7 \times 10 = 70$(cm)입니다.

20 직사각형의 두 대각선의 길이는 서로 같으므로 직사각형 ㄱㄴㄷㄹ의 한 대각선의 길이는 $34 \div 2 = 17$(cm)입니다.
따라서 평행사변형 ㄱㄷㅁㄹ의 네 변의 길이의 합은 $17+8+17+8=50$(cm)입니다.

112~114쪽 AI가 추천한 단원 평가 **3회**

01 가, 다, 라 **02** 라 **03** 다
04 3개
05

06 칠각형 **07** (위에서부터) 9, 14 / 4, 5
08 4, 5, 6, 20 **09** 삼각형, 사각형
10 ㉡ **11** 1개 **12** 6개
13 ㉡ **14** ㉢
15 풀이 참고, $1440°$ **16** 5가지
17 ㉢ **18** 24 cm
19 풀이 참고, 33 cm **20** 정팔각형

07

➡ 2개 ➡ 5개 ➡ 9개 ➡ 14개

10 변의 수를 각각 알아봅니다.
㉠ 8개 ㉡ 12개 ㉢ 10개 ㉣ 9개
따라서 변의 수가 가장 많은 것은 ㉡입니다.

11 두 대각선이 서로 수직으로 만나는 사각형은 라로 1개입니다.

12

따라서 모양 조각은 모두 6개 필요합니다.

13 ㉠ 정사각형의 두 대각선의 길이는 서로 같습니다.
㉢ 평행사변형은 대각선이 2개입니다.
따라서 바르게 설명한 것은 ㉡입니다.

14 ㉠  ㉡

㉢ ㉣

따라서 ▲ 모양 조각을 사용하여 채울 수 없는 도형은 ㉣입니다.

15 오각형의 한 꼭짓점에서 대각선을 그으면 오각형은 삼각형 3개로 나누어집니다.

삼각형의 세 각의 크기의 합은 $180°$이므로 오각형의 모든 각의 크기의 합은 $180°×3=540°$입니다.❶

 칠각형의 한 꼭짓점에서 대각선을 그으면 칠각형은 삼각형 5개로 나누어집니다.

삼각형의 세 각의 크기의 합은 $180°$이므로 칠각형의 모든 각의 크기의 합은 $180°×5=900°$입니다.❷

따라서 두 도형의 모든 각의 크기의 합은 $540°+900°=1440°$입니다.❸

채점 기준	
❶ 오각형의 모든 각의 크기의 합 구하기	2점
❷ 칠각형의 모든 각의 크기의 합 구하기	2점
❸ 두 도형의 모든 각의 크기의 합 구하기	1점

16

따라서 만들 수 있는 모양은 모두 5가지입니다.

17 ㉠ 모양을 만드는 데 삼각형, 사각형을 사용했습니다.

㉡ 모양을 만드는 데 다각형을 모두 7개 사용했습니다.

따라서 바르게 설명한 것은 ㉢입니다.

18 정사각형의 한 대각선은 다른 대각선을 똑같이 둘로 나누므로 한 대각선의 길이는 $6×2=12(cm)$입니다.

정사각형의 두 대각선의 길이는 같으므로 두 대각선의 길이의 합은 $12+12=24(cm)$입니다.

19 예 정사각형은 네 변의 길이가 모두 같으므로 한 변의 길이는 $44÷4=11(cm)$입니다.❶

정삼각형의 한 변의 길이는 정사각형의 한 변의 길이와 같으므로 $11 cm$입니다.❷

따라서 정삼각형의 모든 변의 길이의 합은 $11×3=33(cm)$입니다.❸

채점 기준	
❶ 정사각형의 한 변의 길이 구하기	2점
❷ 정삼각형의 한 변의 길이 구하기	1점
❸ 정삼각형의 모든 변의 길이의 합 구하기	2점

20 사용한 철사는 $100-36=64(cm)$입니다.

따라서 만든 정다각형의 변의 수는 $64÷8=8(개)$이므로 만든 정다각형은 정팔각형입니다.

01 5개	02 오각형	03 칠각형
04 다, 라	05 다	06 ③, ⑤
07 2	08 정십이각형	09 ③
10 나, 다	11 가	12 90
13 ㉠, ㉢, ㉤	14 7 cm	
15 풀이 참고, 다, 가, 나		16 9개
17 풀이 참고, 10 cm		18 나, 1개
19 22 cm	20 정구각형	

04 다각형은 선분으로만 이루어진 도형이므로 나, 다, 라, 바입니다.

이 중에서 정다각형은 나, 바이므로 정다각형이 아닌 다각형은 다, 라입니다.

05 가: 칠각형, 나: 오각형, 다: 육각형

06 모양을 만드는 데 사용한 다각형은 삼각형, 사각형, 육각형입니다.

따라서 사용한 다각형이 아닌 것은 ③, ⑤입니다.

07 • 구각형의 변은 9개입니다. ➡ ㉠=9

• 칠각형의 각은 7개입니다. ➡ ㉡=7

따라서 ㉠과 ㉡의 차는 $9-7=2$입니다.

08 12개의 선분으로 둘러싸인 도형은 십이각형입니다.

변의 길이가 모두 같고, 각의 크기가 모두 같으므로 주어진 조건을 모두 만족하는 도형은 정십이각형입니다.

09 ① 평행사변형의 두 대각선의 길이는 다릅니다.

② 평행사변형의 두 대각선은 서로 수직이 아닙니다.

④ 평행사변형은 정다각형이 아닙니다.

⑤ 평행사변형과 정사각형에 그을 수 있는 대각선은 각각 2개입니다.

따라서 두 사각형의 공통점으로 알맞은 것은 ③입니다.

10 두 대각선의 길이가 같은 사각형은 나, 다입니다.

11 대각선을 그을 수 없는 도형은 삼각형인 가입니다.

12 마름모의 두 대각선은 서로 수직입니다.

따라서 ☐ 안에 알맞은 수는 90입니다.

13 주어진 모양 조각을 사용하여 만들 수 있는 도형은 다음 그림과 같습니다.

㉠   ㉢   ㉤

14 정팔각형은 길이가 같은 변이 8개 있으므로 한 변의 길이는 56÷8=7(cm)입니다.

15

대각선의 수가 가는 9개, 나는 2개, 다는 14개입니다.」❶
따라서 대각선의 수가 많은 것부터 차례대로 쓰면 다, 가, 나입니다.」❷

채점 기준	
❶ 대각선의 수 각각 구하기	3점
❷ 대각선의 수가 많은 것부터 차례대로 쓰기	2점

16  ➡ 9개

17 예 평행사변형의 두 변의 길이가 13 cm, 7 cm이므로 네 변의 길이의 합은
13+7+13+7=40(cm)입니다.」❶
따라서 정사각형의 네 변의 길이의 합도 40 cm이므로 한 변의 길이는 40÷4=10(cm)입니다.」❷

채점 기준	
❶ 평행사변형의 네 변의 길이의 합 구하기	2점
❷ 정사각형의 한 변의 길이 구하기	3점

18 예
따라서 가 모양 조각을 4개 사용한다면 나 모양 조각을 1개 사용해야 합니다.

19 평행사변형은 마주 보는 두 변의 길이가 같으므로 변 ㄱㄴ의 길이는 8 cm입니다.
한 대각선은 다른 대각선을 똑같이 둘로 나누므로 선분 ㄴㅁ의 길이는 16÷2=8(cm),
선분 ㄱㅁ의 길이는 12÷2=6(cm)입니다.
따라서 삼각형 ㄱㄴㅁ의 세 변의 길이의 합은
8+8+6=22(cm)입니다.

20 정육각형을 만드는 데 사용한 끈의 길이는
4×6=24(cm)이므로 다른 한 도막의 길이는
123−24=99(cm)입니다.
따라서 만든 정다각형의 변의 수는
99÷11=9(개)이므로 만든 정다각형은 정구각형입니다.

118~123쪽 **틀린 유형 다시 보기**

유형 1 7개	1-1 8개	1-2 8개
유형 2 도하	2-1 ㉢	2-2 ㉡
유형 3 20개	3-1 23개	3-2 5개
유형 4 ㉡	4-1 마	유형 5 900°
5-1 1080°	5-2 1260°	5-3 1260°
유형 6 14 cm	6-1 12 cm	6-2 11 cm
6-3 16 cm	유형 7 가, 3개	
7-1 예		7-2 가, 5개
7-3 3개	유형 8 29 cm	8-1 43 cm
8-2 48 cm	유형 9 30 cm	9-1 30 cm
9-2 45 cm	유형 10 80 cm	10-1 80 cm
10-2 36 cm	유형 11 정팔각형	11-1 정육각형
11-2 정십각형	11-3 정십이각형	

유형 1 예  ➡ 모양 조각 7개

1-1 예 ➡ 모양 조각 8개
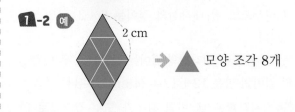

1-2 예 2 cm ➡ ▲ 모양 조각 8개

유형 2 원에 그을 수 있는 대각선은 없으므로 잘못 말한 사람은 도하입니다.

2-1 ㉠ 직사각형의 두 대각선은 서로 수직으로 만나지 않습니다.
㉡ 마름모의 두 대각선의 길이는 같지 않습니다.
따라서 바르게 설명한 것은 ㉢입니다.

2-2 ㉡ 오른쪽 사각형은 평행사변형으로 두 대각선이 수직으로 만나지 않습니다.
따라서 같은 점이 아닌 것은 ㉡입니다.

유형 3

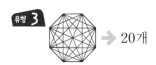 → 20개

3-1

 → 9개   → 14개

따라서 정육각형의 대각선의 수와 칠각형의 대각선의 수의 합은 9+14=23(개)입니다.

3-2 변이 5개이므로 오각형이고, 각의 크기가 모두 같고 변의 길이가 모두 같으므로 정오각형입니다.

따라서 정오각형에 그을 수 있는 대각선은 모두 5개입니다.

유형 4 예 ㉠   ㉡

따라서 모양 조각을 한 번씩 모두 사용하여 만들 수 있는 모양은 ㉡입니다.

4-1 예

따라서 모양을 만드는 데 사용하지 않는 모양 조각은 마입니다.

유형 5

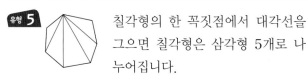 칠각형의 한 꼭짓점에서 대각선을 그으면 칠각형은 삼각형 5개로 나누어집니다.

삼각형의 세 각의 크기의 합은 180°이므로 칠각형의 모든 각의 크기의 합은 180°×5=900°입니다.

5-1 팔각형의 한 꼭짓점에서 대각선을 그으면 팔각형은 삼각형 6개로 나누어집니다.

삼각형의 세 각의 크기의 합은 180°이므로 팔각형의 모든 각의 크기의 합은 180°×6=1080°입니다.

5-2 구각형의 한 꼭짓점에서 대각선을 그으면 구각형은 삼각형 7개로 나누어집니다.

삼각형의 세 각의 크기의 합은 180°이므로 구각형의 모든 각의 크기의 합은 180°×7=1260°입니다.

5-3

오각형과 육각형의 한 꼭짓점에서 각각 대각선을 그으면 오각형은 삼각형 3개로, 육각형은 삼각형 4개로 나누어집니다.

삼각형의 세 각의 크기의 합은 180°이므로 오각형의 모든 각의 크기의 합은 180°×3=540°, 육각형의 모든 각의 크기의 합은 180°×4=720°입니다.

따라서 두 도형의 모든 각의 크기의 합은 540°+720°=1260°입니다.

유형 6 정팔각형은 길이가 같은 변이 8개 있으므로 한 변의 길이는 112÷8=14(cm)입니다.

6-1 정십각형은 길이가 같은 변이 10개 있으므로 한 변의 길이는 120÷10=12(cm)입니다.

6-2 정십이각형은 길이가 같은 변이 12개 있으므로 한 변의 길이는 132÷12=11(cm)입니다.

6-3 정사각형의 모든 변의 길이의 합은 20×4=80(cm)이므로 정오각형의 모든 변의 길이의 합도 80 cm입니다.

따라서 정오각형은 길이가 같은 변이 5개 있으므로 한 변의 길이는 80÷5=16(cm)입니다.

유형 7 예

따라서 나 모양 조각을 2개 사용한다면 가 모양 조각을 3개 사용해야 합니다.

7-1 2가지 모양 조각을 골라 여러 가지 방법으로 정육각형을 채울 수 있습니다.

예

43

7-2 예

따라서 다 모양 조각을 1개 사용한다면 가 모양 조각을 5개 사용해야 합니다.

7-3

따라서 ▲ 모양 조각은 3개 필요합니다.

유형 8 평행사변형은 마주 보는 두 변의 길이가 같고, 한 대각선은 다른 대각선을 똑같이 둘로 나눕니다.
변 ㄱㄴ의 길이는 10 cm이고,
선분 ㄴㅁ의 길이는 22÷2＝11(cm),
선분 ㄱㅁ의 길이는 16÷2＝8(cm)입니다.
따라서 삼각형 ㄱㄴㅁ의 세 변의 길이의 합은
10＋11＋8＝29(cm)입니다.

8-1 직사각형은 마주 보는 두 변의 길이가 같고, 한 대각선은 다른 대각선을 똑같이 둘로 나눕니다.
변 ㄹㄷ의 길이는 15 cm이고,
선분 ㄹㅁ의 길이는 28÷2＝14(cm),
선분 ㅁㄷ의 길이는 28÷2＝14(cm)입니다.
따라서 삼각형 ㄹㅁㄷ의 세 변의 길이의 합은
14＋14＋15＝43(cm)입니다.

8-2 평행사변형은 마주 보는 두 변의 길이가 같고, 한 대각선은 다른 대각선을 똑같이 둘로 나눕니다.
선분 ㄴㄹ의 길이는 11×2＝22(cm),
변 ㄴㄷ의 길이는 18 cm, 변 ㄷㄹ의 길이는 8 cm입니다.
따라서 삼각형 ㄴㄷㄹ의 세 변의 길이의 합은
22＋18＋8＝48(cm)입니다.

유형 9 정삼각형의 한 변의 길이는 15÷3＝5(cm)입니다.
정육각형과 정삼각형의 한 변의 길이는 서로 같으므로 정육각형의 모든 변의 길이의 합은
5×6＝30(cm)입니다.

9-1 정육각형의 한 변의 길이는 36÷6＝6(cm)입니다.
정육각형과 정오각형의 한 변의 길이는 서로 같으므로 정오각형의 모든 변의 길이의 합은
6×5＝30(cm)입니다.

9-2 도형 가, 나, 다의 한 변의 길이는 모두 같습니다.
나 도형의 한 변의 길이를 ☐ cm라고 하면
☐×10＝90이므로 ☐＝9입니다.
따라서 나 도형의 모든 변의 길이의 합은
9×5＝45(cm)입니다.

유형 10 직사각형의 두 대각선의 길이는 같으므로 선분 ㄴㄹ의 길이는 52÷2＝26(cm)입니다.
정사각형의 한 변의 길이는 10 cm입니다.
따라서 사다리꼴 ㄹㄴㅁㅂ의 네 변의 길이의 합은 26＋24＋10＋10＋10＝80(cm)입니다.

10-1 직사각형의 두 대각선의 길이는 같으므로 선분 ㄱㄷ의 길이는 40÷2＝20(cm)입니다.
정사각형의 한 변의 길이는 16 cm입니다.
따라서 사다리꼴 ㄱㄷㅁㅂ의 네 변의 길이의 합은 20＋16＋16＋16＋12＝80(cm)입니다.

10-2 직사각형의 두 대각선의 길이는 같으므로 한 대각선의 길이는 20÷2＝10(cm)입니다.
따라서 삼각형 ㄹㄴㅁ의 세 변의 길이의 합은
10＋8＋8＋10＝36(cm)입니다.

유형 11 사용한 철사의 길이는 90－50＝40(cm)입니다.
따라서 만든 정다각형의 변의 수는
40÷5＝8(개)이므로 만든 정다각형은 정팔각형입니다.

11-1 사용한 철사의 길이는 60－18＝42(cm)입니다.
따라서 만든 정다각형의 변의 수는
42÷7＝6(개)이므로 만든 정다각형은 정육각형입니다.

11-2 사용한 철사의 길이는
150－60＝90(cm)입니다.
따라서 만든 정다각형의 변의 수는
90÷9＝10(개)이므로 만든 정다각형은 정십각형입니다.

11-3 정구각형을 만드는 데 사용한 철사의 길이는
8×9＝72(cm)입니다.
따라서 만들려고 하는 정다각형의 변의 수는
72÷6＝12(개)이므로 만들려고 하는 정다각형은 정십이각형입니다.